倡导自由探究

鼓励学术争鸣

活跃学术氛围

促进原始创新

新观点新学说学术沙龙文集⑲

生物能源与可持续发展

中国科学技术协会学会学术部 编

中国科学技术出版社

·北 京·

图书在版编目(CIP)数据

生物能源与可持续发展/中国科协学会学术部编. —北京:
中国科学技术出版社,2009.5
(新观点新学说学术沙龙文集;19)
ISBN 978-7-5046-5450-2

Ⅰ.生… Ⅱ.中… Ⅲ.①生物能源-研究②可持续发展-研究 Ⅳ.TK6 X22

中国版本图书馆 CIP 数据核字(2009)第 076208 号

中国科学技术出版社出版
北京市海淀区中关村南大街 16 号 邮政编码:100081
电话:010-62103177 传真:010-62183872
http://www.kjpbooks.com.cn
科学普及出版社发行部发行
北京长宁印刷有限公司印刷
*
开本:787 毫米×1092 毫米 1/16 印张:8.75 字数:200 千字
2009 年 6 月第 1 版 2009 年 6 月第 1 次印刷
印数:1—2000 册 定价:18.00 元

序

化石能源的不可持续开采，国际石油价格的节节攀升，使得利用生物质资源生产生物能源成为政府部门、研究单位、相关企业乃至全社会关注的热点，更是近些年来国内外“热炒”的话题。为了探讨生物质能源发展战略和发展生物质能源对生态及人类可持续发展的影响，2008 年 6 月 5 ~ 7 日，中国科协第 19 期新观点新学说学术沙龙在北京举行。沙龙邀请了来自政府机构、企业和学术界的 32 名专家学者，就“生物能源与可持续发展”的主题进行了认真热烈的研讨。

在生物质能源发展过程中，“生物能源到底是福音还是灾难”、“生物能源和化石能源到底谁更环保”、“发展生物能源是否威胁国家粮食安全”、“生物燃料是否与粮争地、与人争食”、“发展生物能源应选择什么作为原料”等均是公众关心的主要问题。来自石油化工、化学工程、发酵工程、酶工程、植物学、动物学、微生物学、海洋生物学、土壤学、生态学、管理学等多学科领域的与会专家，围绕发展生物能源的必要性、可行性以及如何发展、当前主要的技术瓶颈、生物能源资源总量和大规模发展生物能源对全球环境、生态以及人类社会可持续发展的潜在影响等议题展开了热烈的讨论。许多新的观点在会议上得到详尽的阐述。例如，发展生物能源是否能够真正减少二氧化碳的排放、大规模种植单一作物是否会产生生态危机、藻类生物柴油的前景是否更好、是否应该禁止所有粮食作物生产生物能源、如何保障生物能源所需要的原料来源、大力发展现代技术（尤其是高效生物酶的研发）综合利用农业废弃物（如秸秆、稻草等）、发展生物能源应当政府主导抑或市场选择等。通过不同领域专家学者之间的互动与质疑，对生物能源与可持续发展的关系有了更全面的认识。

回顾起来，选择这一主题进行研讨，是考虑到这样的话题既敏感又实际，在当前国际国内热议的情况下，我们必须保持清醒头脑，在“大规模”、“轰轰烈烈”开始之前，对相关问题有个明晰的认识。即使不能达成共识，也要就相关问题产生共鸣，尤其是有关大规模发展生物质能源是否会给人类赖以生存的地球造成新的更大的污染，发展生物质能源的技术储备是否完成，目前的发展时机是否已经合适？更为重要的是，需要讨论的问题非常多、并且也很复杂，我们要有聚焦，因此，我们最初为这个沙龙定的名称为：“生物能源：社会福音还是生态灾难?”后来考虑到这样的提法过于具有“挑逗性”，改成了现在这个名字——生物能源与可持续发展，为了能够尊重组织过程，我们特在此说明。正是由于这样的话题可能会有各种观点与看法，甚至存在一些“不中听”的说法，我们认为选择中国科协的“新观点新学说学术沙龙”的形式更为合适，真正做到“百家争鸣”、“百花齐放”、取得学术自由讨论的效果。在此，特别感谢中国科协推出这样的系列沙龙活动，尤其是感谢学会学术部在筹划这一活动过程中给予的各种支持与帮助。

总体上，与会专家认为生物能源应当发展，但是在短期内不可能全面替代化石能源，在可预见的未来也只是能源结构多元化的一种重要补充。因此，一定要注意避免出现“一哄而上”的现象。目前，能源安全问题受到社会各界的广泛关注，它既是经济问题、也是政治与国家安全问题。我们相信通过本次沙龙的举办，为我国的能源安全和生物能源产业如何实现理性发展提供一点新思路和新观点，对促进公共安全学术交流与发展，面向公众传播科学思想，从而更好地构建和谐社会，将起到积极的推动作用。

本期沙龙由中国科协学会学术部主办，由中国生物工程学会和中国科学院微生物研究所承办。科技日报、科学时报、学习时报、大众健康报等媒体记者出席了会议并对会议进行了报道。在此要感谢中国科学院微生物研究所的李彦和成峰同志，他们对每一个细节的周密考虑，是沙龙得以成功举办的根本保障。最后还要感谢中国科学院微生物研究所的薛春华同志，为沙龙发言的结集出版付出了辛勤的劳动。没有他们的努力，这次沙龙的圆满成功是不可能想像的。

最后，希望通过结集出版沙龙讨论的内容能够进一步推动对这一主题的更深层次的大讨论。

沙龙召集人：

高　福　中国科学院微生物研究所/中国生物工程学会

曹竹安　清华大学化工系/中国生物工程学会

李　寅　中国科学院微生物研究所

2008 年 12 月 1 日于中国科学院奥运村科技园

目　录

会议时间

2008年6月6日上午

会议地点

北京金隅凤山温泉度假村

主持人

高福

各位院士、领导、专家，以及各位朋友学术沙龙现在开始。按照中国科协学术沙龙的基本思想，今天在座的不分职位大小，不论学术头衔高低，大家都一样，平等讨论。我们今天的主题叫生物能源与可持续发展，整个的背景情况大家都比较熟悉了，这是个比较热的话题。

先快速地介绍一下背景情况，我本人介入这个学术沙龙是一次偶然的机会，曾参加了一次中医的学术沙龙，感觉很不错，讨论得挺好，我把举办此次沙龙的优势向中国科协领导作了建议，他们非常赞同，所以我们微生物研究所，主要是科技处协助，就牵头把这个事情做起来，中国生物工程学会就作为主持单位了。

我个人认为此时开会是最佳时间，只有在中国科协新观点新学说的学术沙龙的自由环境下，大家才有可能来讨论。如果生物能源做起来，是不是对环境污染更厉害、二氧化碳排放更高了……凡此种种，一系列的问题。我们最后的目的：在生物能源和可持续发展方面把各种声音都听到，通过这个沙龙把各方观点有所体现，如果有新观点、新学说最好，没有共鸣没关系，也达到了我们学术沙龙的目的。当前在我们国家和全世界都要发展新能源的背景下，优劣势问题是不是都讨论出来了？值得思考。

我提一点要求，按照中国科协的要求，主题发言的人一次只能讲10分钟，其他人发言时要谈自己的观点，为留给大家足够的时间，每人最多3分钟，但是可以重复发言。希望通过交流我们达成互相理解，最好有共识，能够对生物能源和可持续发展有所理解。

生物能源已经成为当前发展的主体讨论话题

◎高 福

我们把生物能源变成主题，为什么呢？在座的都是专家，除了本领域专家以外还要有非本领域专家，以便于从各个视角看这个问题。现在的主流观点认为，化石能源与环境变化、空气污染都有关系，像美国前副总统戈尔天天关注气候变化，所以大家看到，从学术一直到政治的各个层面都开始关注我们的地球。我准备了几张搞笑的幻灯片，首先是我们为什么选这个时间。大家最近可能看到了（播放幻灯片显示大卡车在加油站排队加油，图1），你若在北京五环、四环开车，看到大卡车排队购买柴油，而且基本上不让加满，卡车走一路加一路。我们今天在座的有生物柴油专家，柴油已经非常成问题了，能源危机是肯定的。大家知道，二氧化碳的排放也造成了对气候各方面的影响，这是从网上下载了几张比较经典的照片。大家可以看到由于二氧化碳排放造成的这些问题，北极的冰开始融化，北极熊就剩一块小地盘了（图2），再进一步融化下去，是不是最后会对人类造成巨大的影响？二氧化碳的排放对人类的影响，我借用一张搞笑的幻灯片来说明（图略），大家可以从我们穿的短裤长度可以看

图1

图2

到,变化确实比较明显。从 19 世纪时长度可以到小腿的短裤,一步步“进化”,变成了今天的“三点式”、“短带”,为什么?二氧化碳的排放,化石能源的耗尽,这个不是我说的,确实有根据的。你看后面这个图(图略),二氧化碳的变化很说明问题,生物能源有没有可能帮我们减轻一点二氧化碳产生的一系列的问题。再看看美国航天局 NASA 的统计数据,他们观察到,在北极,冰圈越来越小了,从 1979 ~ 2003 年的一个变化,北极的冰圈越变越小,二氧化碳的排放确实影响到地球。可能有些同志会赞成,因为生物能源能帮助我们减少一些二氧化碳的排放带来的一系列的问题。大家都比较熟悉的化石能源,目前石油的价格上升,环境污染加重。燃烧秸秆,产生二氧化碳等一系列的问题,那么能不能把秸秆作为生物质往生物基化学品或者生物能源方向发展呢?

我们讨论生物能源时是不是要更宏观一点,想一想可替代能源不只是我们生物能源,这里面有风能、太阳能,还有核能。还有我们现有能源的一些新节能器件发明改造,这一系列都应该是我们思考的问题,我把这些问题从个人认识的角度先抛出来。生物能源这条路能不能走?这是我 2007 年 8 月份在巴西开会的时候,亲自拍的照片(图 3)。大家知道,酒精早已经实实在在地在巴西的汽车里应用了,在巴西的加油站里把酒精那条线标为绿色,而汽油那条线故意标成红色,你是闯红灯还是过绿灯?在巴西人看来,化石能源已经是红灯了,巴西人说葡萄牙语,把酒精叫“爱有苦”(Alcool),他们认为生物能源是绿灯,这也是我们今天讨论的话题,生物能源是不是像巴西汽车用油成为与化石能源用油并驾齐驱的可选择之路?生物能源、生物酒精、甘蔗生产在巴西已经成为现实了,这是我们要讨

图 3

论的,除了世界发展趋势,在我们国家也有可能出现。

大家看看整个关注的事情,这是 2006 年 8 月份美国《新闻周刊》(*Newsweek*)的封面(图 4),汽车加油孔插的是一个玉米,表示生物能源燃料酒精的使用。我们国家叫停了玉米竞争生物能源的生产,这条路还能不能走? 这个叫停对不对? 这要大家一起讨论,如果这条路不能走,秸秆到底能用多少? 怎么个用法? 大家看到的是典型的巴西的一个情况,可能情况比较特殊的。今天我看清华大学吴教授也来了,在美国已经有人用藻类生产油了。

图 4

最后,希望我们利用两天的时间,到明天下午,能够把生物能源的优劣势讨论清楚,我们要发展什么样的生物能源,用什么样的原料? 在发展的过程中,美国能源部最近专门讨论基础知识对生物能源的贡献,它叫 Knowledge - based innovation for bio - energy,基于知识的生物能源创新,这是他们对"基因组到生命"的进一步扩展讨论。除了我们科学家应该参与讨论外,政府、企业应该在其中起到什么样的作用? 另外,还要考虑环境污染一系列的问题,最后希望通过我们这个学术沙龙提供一个自由的氛围,让大家达到交流的目的。所以,我们今天大家坐在一起,提供自由的氛围,最后希望能有共同的语言,找不到共同的语言也要能够互相理解,把许多问题谈清楚。

关于发展生物能源国内外主要观点的概括总结

◎李　寅

各位专家，按照原来与曹竹安老师和高福老师商量的计划，由我总结一下国内外不同的观点，介绍一下目前在这个领域主要有什么样的想法。

生物能源，主要是指液体生物燃料能否替代石油燃料的问题，是我们在沙龙的介绍中提出来的一个问题，也包括大规模发展能源对环境的影响、能源和生态文明和可持续发展的关系及其他衍生出来的问题。

从生物能源的类型，比较确切地说，是生物燃料，它包括脂肪醇类、其他替代燃料等。从应用的角度来看，可以完全替代，也可以是混合应用。目前使用比较多的乙醇，是混合的应用。很多时候，会把液体生物燃料与石油和生物氢来进行比较，包括从能量密度，从每平方千米产生多少油的量、环境的消耗程度来评估技术的风险性。通过这些比较，还是发现，石油有很多突出的优点，氢（或者说生物燃料）也有很多非常突出的问题。例如，氢的制造成本非常高，使用氢的技术还非常不成熟，包括储氢技术等。生物能源能否替代化石燃料，是我们今天要讨论的重点，说到底是生物能源的优势和劣势问题。目前总结下来，主要观点是石油短缺，肯定要找替代能源，替代能源有很多，可再生能源很多，生物燃料在车用燃料这个环节特别受关注，而在其他的能源应用领域，生物燃料或者是生物能源并不一定非常有优势。

近期说得比较多的，是利用生物能源可以增加农民收入，增加就业机会。以粮食为原料做乙醇或其他生物燃料，是目前的一个主要的方法，但是会与人争粮。这是2007年发表的对纤维素乙醇产业化的前景综述的文章所阐述的。

类似这样的文章很多，其中酶制剂是纤维素乙醇生产过程中最大的成本，纤维素原料的运输和预处理也是一个问题，造成总成本偏高。

在生物能源是不是能替代化学燃料方面，争论非常多，这是在2006年发表在美国科学院院报 *PNAS* 上的一篇文章，主要是对生物乙醇和生物柴油进行对比。从单位土地生产多少生物能源的量，从生产成本的角度，这篇文章认为，生物柴油比乙醇有更好的发展前景。也有很多人说，生物能源不好，很重要的一点，是在实际使用过程中，添加10%的乙醇汽油，很多司机说脚发软加速加不上去。还有一种观点认为，使用生物能源不仅不能造成碳量的降低，可能还会造成增加，至少某一个区域内会造成这样的影响。从生产者角度来说是更复杂的一个问题，大量使用化石能源会产生温室气体的排放，而使用生物能源是不是能真正减少温室气体排放？理论上可以减少，实际上是不是可以？

第二个问题，大规模种植单一的能源作物或者是植物，是否会破坏环境和生态的多样性？一种观点认为，肯定减少温室气体的排放。比如说，使用生物能源和传统燃料的混合燃料可减少排放，这已经有数据，比如说生物柴油可以减少多少排放等。另外一个观点，认为会加剧温室气体的排放，这篇文章是2008年刚刚在 *Science* 上发表的，局部地区森林砍伐，作者认为这样一个局部生态环境的变化，会导致温室气体的排放增加。另外一篇文章说，用现有的耕地发展粮食乙醇，可能需要一些农药或者一些化肥，还需要其他的耕地或者面积来提供发展这片生物燃料的土地所需要的这些辅助的东西。生产这些辅助的农药或化肥，同样也会造成温室气体的排放。所以说，这些都是不确定因素。生物能源是不是会加剧气候的变化等，食品价格会不会大幅度上升，对热带雨林是不是造成破坏，在马来西亚已经有例子，大规模发展棕榈油对热带雨林造成了破坏。在这样一个前提条件下，很多科学家，包括我们在座很多老师都表明一个观点，认为在不完全确定生物能源大规模生产是不是会影响环境和生态的情况下，不应该着急发展生物能源。还有观点这样认为，发展生物能源会破坏农田生态系统的多样化，如种植单一品种的能源植物导致土地半沙漠化。

关于生物能源和可持续发展有两个观点：第一，主流观点认为，现在可持续发展和生物能源是直接相关的，生产生物能源，消耗等量的碳资源，释放出等量的碳资源，没有二氧化碳的净增加；另外一个观点认为，可持续发展和生物能源是不直接相关的，如果能够发展节能减排或者用一些其他的措施，带来的效益比发展生物能源更直接、更快速，对环境更友好。这种观点认为，要实现可持续发展跟生物能源的发展并不是直接相关的。以上观点可供大家深入探讨参考。这是我简单地把这样一个观点做一个罗列，可能更进一步的对大家会有个参考。

应在整个能源的大系统中讨论生物能源的问题

◎曹竹安

我非常高兴能有这样一个机会，大家坐在这里畅所欲言讨论生物能源。中国科协新观点新学说学术沙龙的精神是非常好的，就是要争论。

生物能源是随着工业生物技术发展从 2003 年以后逐渐发展起来的，在生物能源这件事上，我们好像是打了一场遭遇战，没有那么好好预期过，因为什么呢？从 2003 年到现在石油价格从每桶 20 多美金涨到 130 多美金，而整个需求不可能涨五倍，我觉得是打了一场遭遇战。遭遇战的原因我们不在会上分析了，报纸上有很多分析，但是我们回过头来有个机会冷静地想一想，我觉得是非常好的。不管是否赞成发展生物能源，其根本都是为了国家经济可持续发展。经过这几年我们要做出生物能源，其实我是想把火引大点，对工业生物技术功过的分析，分析它实际上代表生物技术的发展，但是也引发了不少问题。我们需要用一个冷静、系统的观点来分析生物能源的问题，因为它是在一个大系统里面。

考虑一个问题，我们必须得放在一个大系统里面，生物能源在能源里面，是一个小头，实际占的比例很小。我们不能说生物能源是包打天下的能源，能把全美国的液体燃料都解决，至少现在我没看到，我觉得要在一个大系统里做。总的大系统，从整个地球来看，现在有那么多化石能源，化石能源迟早要变成二氧化碳，这个趋势是解决不了的。在我国每年做中长期规划，目前要用掉的是 15 亿吨标煤，2020 年起码接近 30 亿吨标煤，30 亿吨标煤变成二氧化碳，再乘 3，变成 90 亿吨的二氧化碳，靠生物方法把它固定住或减少，我觉得希望甚小，后面我会再讨论。

我想能不能分成三段来讨论，这样大家发言会集中一点。第一，生物能源发展的现状分析和展望，争取今天上午，大家做一些面上的发言。当然也可以做点的发言，因为有些专家只能参加有限的时间，我希望要走的专家能够先贡献自己的观点。第二，什么叫生物能源，国外和我国未来生物能源能解决什么问题，解决多大的问题，实际上这就涉及如何使用生物质燃料是最合理的。有人说了，按我理解，酒精就是喝的，其实我也喜欢喝，其附加值最高，我认为拿它来烧汽车附加值是最低的。拿它做材料比做燃料好，所以我觉得不管是生产高附加值产品，还是生产生物能源产品，大家都可以来贡献观点、来讨论。目前生物能源的发展带来什么问题，是不是有生物能源发展引起粮食价格提高的问题、非粮作物能否解决问题、纤维素原料是否能解决问题、藻类能否解决问题、对于二氧化碳减排和温室效应作用怎么估计？这些问题我们可以做比较深入的讨论，大家从不同的角度来分析，这个里面需要国外提供一个方法，就是全生命周期分析。第三，希望我们用半天左右的时间，来讨论发展什么样的生物能源产品，因为生物能源现在已经有了，像燃料乙醇是最大的，还有生物柴油，前两天杨老师给了我一份文章，叫“藻类的生物柴油打败了燃料乙醇”，我觉得这个题目也蛮有挑战性的。另外，沼气、氢气，还有一些碳能源化合物也可以讨论。第四，使用什么生物原料。转基因粮食作物，藻类含油量非常高，但是这个发展也有很多问题，非粮作物、纤维素质燃料、农业废弃物以及藻类，最近讨论非常热，而且我们也很希望能请到吴教授来介绍关于藻类研究的一些思路和想法，谈一些展望性的观点。

所以我主要是希望今天上午重点能够讨论一下面上的现状分析和展望，下面结合产品和结合原料来进行更深入的讨论。我这是抛砖引玉，把思路跟大家说一下。

高　福：

谢谢曹老师，我们按照中国科协的精神自由发言，自由抛出自己的观点，观点越新越好,最好把一些和主流不一致的观点讲出来。尤其要紧扣生物能源和可持续发展这个主题。确实像曹老师刚才讲的那样,原来本期沙龙的题目叫“生物能源:是社会福音还是生态灾难?”希望讨论清楚发展生物能源的优势与弊端,到底优势弊端都在什么地方?

我们今天有专家、学者,也有管理部门的负责人。从宏观的角度讲,还有做国际合作的管理人员参与,国际合作与可再生能源有什么关系?我们在座的大多是国内的学者,也有来自中国的外国企业,还有从美国来的陈教授和欧洲来的曾教授,代表性上还是比较广的。

生物能源本身是不是可持续发展?

◎杨胜利

今天这个题目很好,生物能源与可持续发展,因为生物技术与生物能源为主要发展趋势,是可持续发展当中一个很重要的方面。生物技术应该是可持续发展的一个关键技术,这方面原则上是一致的,但是实践当中不断地引起争论。所以,这就使我想到,美国战略科学家李福津写的生物技术,有一段话我最初一看而过,没引起重视。通过这几年发展的实践,感觉他的话很有预见性,讲的是"生物技术和魔鬼签的协议,前途很光明,很诱人,但是每前进一步就要付出很沉重的代价来回顾你这步走得对不对?"所以从这几年的发展,我感觉那些战略科学家写的东西确实有一定的预见性。

今天的题目引来一个问题,生物能源本身是不是可持续发展?假如本身不是可持续发展,也不用谈是否对可持续发展的贡献。现在确实面临这样的问题,从生物能源的发展上看,第一个浪潮现在好像过了,就是用现有的粮食和作物来做能源。高福老师刚才举的一个巴西的成功例子。但是用粮食和作物来做燃料,实际上只是在某一个区域特定资源的条件下才是可能的。对中国来说,原则上用粮食和作物来做燃料是不可行的,因为中国整体的粮食和油料作物的资源很紧缺,所以在这方面我是反对用粮食来做酒精的。

第二个想法,现在整个生物能源肯定要大力去做,但目前还没有到扩规模做产业的时候。现在应该做整体生物能源可行性的研究,粮食和油料作物做可行性研究还没有系统做,但是大家有一定的共识。接下来研究纤维素做生物燃料,技术又有很多障碍。首先要做技术上的可行性研究,然后再扩大到系统的可行性研究。在粮食作物和秸秆之间,现在提出了能源作物,能源作物的可行性研究就显得更加重要。不仅仅是用能源作物来做燃料,它的技术指标及对生态的影响，这些不是一年两年能完成的，对新的能源作物都要做三四年的考察。现在这个可行性研究，是生物能源和工业生物技术能够持续发展的关键，如果稍微做点产品马上就上产业了，这样可能是把一件好事情给做坏了。所以我现在是一方面积极地推进，引起政府部门的重视，一方面也经常泼冷水，让大家冷静一点思考这些问题。

整个生物能源的发展，在全世界特别是欧美国家已经进入一个理性的发展阶段，现在大家实际上也在系统地做研究。如果一激动就大胆干了，干了不行再往后退，或者把这条路就根本否定了，这些都是不可取的。我们要避免不符合科学发展观的做法，科学发展观对生物能源的发展可能是关键的因素。

生物能源面临巨大挑战

◎谭天伟

我接着杨先生讲的,现在生物能源确实面临非常大的挑战。一方面从原料上讲,都说粮食不行,该用什么原料?再一个,从它整个过程的能耗上,生产出来的能量,生产过程中产出的能量,我们不一定要液体燃料,还有其他的各种燃料,包括太阳能。再一个是低碳化,对石油的液体燃料依赖得太多了,能不能依赖低碳的,这些都是观点。

下面谈谈我的观点,低碳化以及其他的可再生能源,我觉得都是很好的,但我们不可能说完全放弃现在的含碳液体燃料。实际上根据我们社会的发展这是必须的,为什么这样说呢?我们生产液体燃料过去依赖燃料是不对的,用粮食这肯定是不行的,到底可不可能用其他的,我觉得从发展来讲是可以的。这里面谈两个例子,第一用低品类的废弃物,还有一个是藻类的,我认为是比较乐观的。

从低品类的来讲,我举一些例子,我国每年农业生产的废弃物,秸秆有 7 亿吨,按照粗略地分析,最多应该折合 4 亿吨,粮食 5 亿吨也是有水分的数据,转化的时候把这部分要刨出去,这里面至少有 4 亿吨;林业生产的废弃物,一年有两三亿吨。关键是畜禽的粪便,一头猪一天产生 6 公斤(1 公斤 =1 千克,下同)的废弃物,人类一天实际上没有产生那么多废物。但人只要活着,需要吃肉,必然要产生废弃物。除了农业的废弃物、林业的废弃物,人类产生的生活垃圾,还有工业废水。前几天我参加节能减排的会,最典型的例子是中国造纸厂的废弃物中,COD(化学含氧量,数据越大,说明水体受污染越严重——编者按)占了差不多 30% 。我国的水体中 COD 的 30% 来自于造纸厂的废水,一年是 37 亿吨的废水;食品产业包括发酵行业,它的废水占了全国总废水 COD 排放量的

19%,前两者相加是49%,几乎是一半。而这两者的COD是可以利用的,我算了一下,工业废水、食品行业以及发酵行业按照现在的含量和技术,大概150万吨。食品行业,不算造纸行业,造纸行业可以用清洁工业,慢慢减少废水的产生量。但是发酵行业,因为只要液体发酵就会产生废液,清洁工业没有固体发酵,这个不太现实。我粗略地算了一下,可持续发展是伴随着我们生活而必然产生的,伴随着工业进程必然产生的,只需要我们把这块资源拿来加以利用,废弃物能够做成。

再一方面是废弃物,油藻利用太阳能,光合作用的利用率可以大幅度提高。油藻的太阳能转化效率从能源上讲是没有问题的,但是油藻缺乏碳,刚才我还在问汪院士,碳的数据到底如何,我要落实一下。我国二氧化碳的排放量的数据是肯定的,若要计算,有67亿吨。在我国,现在粮食加上秸秆和林业,我粗略算了一下,这个里面已经有十几亿吨了。假定按照3:1这样的固定,粮食加上农业,再加上林业,固定的二氧化碳算下来,有45亿吨。大概有20多亿吨可利用,当然可能排放量还在增加,所以我认为这块确实应该做。我算了一下,假定用20亿吨来固定,生产油藻也是非常乐观的,计算前提是榨干净了,实际上是不可能的。按照3:1、4:1、5:1来算,我们效率更高一点,大概能生产三四亿吨的油,从理论上讲是可以的。从这两个方面来看,我认为液体生物能源的原料目前是不用担心的,我们只要把这些工作做好,从这个数据上来看是可以的。当然我们现在的技术没做到那一步,下一步就是我们怎么样把技术做好。

生物能源必将替代化石能源

◎邱宏伟

我是第一次参加中国科协学术沙龙活动，围绕今天这个主题，我觉得当前生物能源讨论这么热，表面上看是石油涨价引起的，但是实质上，我认为是全球资源紧缺，人类为了求生存和发展，为了回归自然来寻找可以再生的、可以永续利用的资源，来保证人类未来的发展所做的潜意识的行动或者具体体现。生物能源从表面上看，目前应用在液体动物燃料是主要替代石油的主产品。从长远发展来看，我觉得它未来必然要去替代化工原料，这是最终的趋势，尤其在石油资源匮缺的情况下，人类赖以生存的衣食住行还是离不开现在基于石油工业创造的化学工业。但是，化学工业的持续发展，最终可能是要走生物质资源开发的路子。

生物能源关键的劣势，我觉得现在最主要的是一个制造过程系统的复杂性和周期太长，这是导致在目前情况不能和石油产品竞争的一个主要问题。从我国的情况来看，刚才杨院士谈了粮食的问题，从近期来看是这样，我认为从中期来看，我们离不开以主要农作物为主发展的乙醇、生物柴油以及其他衍生的生物能源。我说的这个观点，从更长远期来看，应该是生物质全利用，也就是现在提出的纤维素开发和利用方面。近期来看，我国的确有潜在的粮食安全问题，这是因为我们的农业生产力水平不高。但是从农业的发展角度来看，我国农业生产的潜力是非常大的。美国 20 世纪 60 年代玉米的产量翻了 5 倍多，我国玉米的产量每公顷 5400 千克，美国是 9400 千克，差额差了将近 5000 千克；油菜的产量比欧洲这些高产量的国家，要差出了每公顷 1.3 吨；大豆每公顷的产量要比美国低 1100 千克，但是在我无论是玉米、油菜和大豆的种值面积始终是排在世界的前三位，油菜是第一位。如果依靠生物技术，在增产的潜力上能够解决这个问题。我们现在发展非粮作物，非粮作物从近期来看，薯类是可以替代的。远期来看，我们寄希望能够开发出耐盐耐寒的、可在荒漠上种植的植物。要培育出这样的植物，远远比提高现有农产品的产量要难得多。我个人认为，从中期来看，农业对国家的贡献将为我们生物能源的发展提供一个途径。对于土地资源紧缺这一现实问题，我们可以进一步向国外拓展。在非洲有些国家，土地资源很好，但农业生产力也非常低，如果这些地区充分利用现代生物技术，将来全球粮食安全的问题将不是困扰发展的难题。关键是我们的观念如何能够接受这种生物技术来提高农业生产潜力，目前是转基因技术的问题。转基因技术在美国用得比较多，美国的大豆、玉米、油菜，50%以上都是转基因产品，我们为什么不能走这条路？如果这样做，很多方面是可以改观的。玉米主要用作饲料，玉米做原料来生产生物乙醇的效率要远远比用非粮原料要高，而且并不影响其同时用作饲料。经过微生物发酵产生的饲料，饲喂效果也很好。

发展生物能源是加速自然界碳素循环的重要推动力

◎李 春

非常感谢中国科协和中国生物工程学会给我这个交流的机会。我想谈一个观点，在生物资源能够自给自足的环境下发展和使用生物能源，不但不会增加温室二氧化碳的排放，而且还可以缓解因使用化石资源带来的二氧化碳排放造成的环境压力。为什么会这样呢？在我们没有发展生物技术或不利用其他工业技术来进行生物质使用的时候，碳素在自然界进化中有一个非常完整的循环过程，只是因生物能源的发展和大量使用，碳素循环引入了人工定向的方式加速了其循环过程。这种碳素循环与周转的加速，在一定层面和较长的时期可以减缓温室二氧化碳的排放。

我们知道，不管是利用植物、藻类，还是其他生物质资源，都是通过二氧化碳固定的方式来进行的。总碳素在使用过程当中，只有一部分用于能源的加工和利用，相当一部分作为食品、饲料被人类和动物消费，消费的过程也是人类和动物积累的过程。这个积累的过程，如果在较长的一段进程当中，帮助地球的二氧化碳减少，相当于光合作用的生物固定的二氧化碳，有一部分被人和动物消化循环之后变成了更多的人和动物个体。因此，排放的二氧化碳被植物等生物固定后，并没有完全循环成二氧化碳再排放。

生物质能源与资源种类的多元化与区域化也是非常重要的，不要说生物能源谁替代谁，各种形式的能源应该相互包容，也是为了地球和人类的发展。比如说甜高粱，我是在新疆长大的，前一段时间又在新疆支教了三年。我小时候新疆就有甜高粱，把它当成北方的甘蔗，秋季就把它埋在地底下或者地窖里,冬天的时候切成一节一节拿给小孩吃。甜高粱现在摇身一变,就变成特别有价值的东西,在新疆建设兵团,还有伊犁和吐鲁番地区都有种植,产量也很高。我国幅员辽阔,各个地区都有各自的特色生物质及其能源植物。能源生物质种类多元化有利于我国的生物能源发展,最关键的是能源质量的标准化。只有质量的标准化才会在将来的使用过程中,稳定发动机的性能,提高能源使用的高效性。通过发挥地域优势,像农产品加工一样走区域化和集约化发展的道路。

碳燃料是永恒的话题,另外由于经济发展加速碳的消耗,促进了碳素在地球中循环。我个人认为,它不但不会造成因使用化石资源所产生温室气体二氧化碳的排放,反而可以缓解这个过程。

汪燮卿:

我提两个意见,第一,杨院士讲的可行性,可行性跟可能性在我们很多人的思想里边不清楚,很多人都认为不可能,可能并不可行。可能并且可行必须要有市场经济竞争的概念,这样才能够可行,否则只是可能。目前的研究工作,在探索阶段,应该说是可能性,做了以后马上要做可行性研究。我认为我们很多人缺少这个概念,往往把可能性和可行性混淆了,一字之差。

第二,对于液体燃料的替代问题,我觉得也需要一个很好的定位。我参加很多工程院主持的一些项目咨询,最近在青岛开会,关于中长期战略咨询,每种能源替代度,替代它属于的位置,它的定位,这个问题我觉得非常重要。我们可能在自己的专业范围里,把自己的问题看得清楚一点,但对别人的专业不太了解,所以我认为开这个沙龙很重要。在这个问题上面,我看了郝老师他们翻译过来的书,若全世界所有的粮食、所有的农作物变成乙醇,只能解决我们全世界汽油的50%。第二,全世界所有的可以做生物柴油的燃料如果来生产柴油,只能够解决全世界所有柴油工业的11%。所以,我觉得这是人家的统计,当然你也可以统计,我们不太模糊的概念怎么来的?这是我的想法。

曹竹安：

我觉得刚才的发言和讨论，包括可行性我是非常赞成的，这里面有个什么问题呢？实际上我们有一个矛盾，这个矛盾确实是应该科学发展，应该是一步一步来。我们刚才跟汪院士聊，清华大学原书记何东昌就谈过一个观点，就是一切是要通过实验的。所以，我觉得我们现在根本没有来得及仔细地实验，就匆忙上阵，还是遭遇战，现在的问题是需求的迫切性和我们技术的现实性怎么满足。我觉得需求再迫切也要讲科学，否则会把一个好事做坏，做不成的。

第二，谭老师刚才讲的利用废弃物，我感觉确实是一个可以考虑的资源，因为要么是废物，要么就是资源，若放错了地方，资源就是废物。但是我们还要做仔细地分析，刚才我问谭老师，你说的干基和湿基，按玉米来说，标准的玉米是14%的水，86%的干物质，5亿吨的粮食乘以0.86，有4.3亿~4.4亿吨的干物质。对于秸秆，我们也应该做这些分析，当然不同种类的秸秆量还是不一样，需要量化，搞工程，必须得有一个量化。刚才汪先生也说到，不量化的东西，在市场上根本没有可能。所以，我们需要数据，另外也需要做相当的实验，包括生态学，必须得做。例如，我们现在是想利用边际性土地，而边际性土地恰恰是原来退耕还林的那些地，为什么要退耕呢？就是耕了以后地更加沙漠化。我自己感觉，有很多影响我们并没有好好考虑过，要真正加强用科学发展观来指导。比如要清楚我们现在各种各样的废弃物到底有多少，已经用上的有多少？农民的柴禾是要烧的，把柴火拿过来作为我们的生物燃料，等于拆东墙补西墙，一定要有这些基础数据。另外，要花时间、花气力来做可行性分析，不是光坐在这儿不做实验就行的，要强调，要真正搞科学发展，要从容一点，一步一步地规划好才行。

生物质能源作为一个长远发展目标不可动摇

◎曾安平

汪老师、曹老师都讲了可行性这个问题,的确很重要,他们也谈到了迫切性这个问题,在此我再补充一个有关全局性和局部性的问题。如果把全球可能用于做生物柴油的资源都用上,也只能解决11%的柴油需求量。虽然欧洲的生物柴油最多能够解决7.5%的柴油需求,但生物柴油还是使用了。这里有一个迫切性和局部性的问题。人口较密集的大城市,城市污染曾经很严重,尤其是在夏季,迫切需要解决污染这个问题。通过很多年的论证,生物柴油在降低污染方面确实有其优势,当然这里还有政策的因素以及民众环保意识的推动。虽然解决不了太大的问题,但有其示范作用。我完全赞成“life cycle evaluation”这个观点。我们今天讨论的是可持续发展,需要进行很周全地评估和评价,不仅仅要考虑生产成本的问题,其实生物柴油的生产成本还是比较高的,政府通过税收补贴,生物柴油的生产才可行。众所周知,生物柴油在欧洲的生产已经有比较大的规模。说到大城市,欧洲的密集程度远远不如中国的大城市,这就意味着,像这种能解决局部性和迫切性问题的生物能源是否也可以考虑上,比如在欧洲经过很长时间论证的生物柴油。当然,不能从根本上解决问题,也有其本身的原因。但我们不能无休止地讨论下去。像生物能源肯定是有很多问题一下子讨论不清楚,我觉得中国改革开放一个很宝贵的经验就是坚持改革开放不动摇,肯定要做。我认为生物能源这个问题,就应该像中国的改革开放,方向应该是对的,不动摇,怎么走怎么做?可以探讨,可以考虑。我在欧洲呆了很长时间,他们也有很多事情几十年讨论不清楚。德国搞了很多年的磁悬浮技术开发,可就是上不去,这是一个典型的不成功的例子。我的意思是说,做生物能源大方向要走,石化资源肯定是会用完的,30年、50年以后怎么办?80年以后怎么办？中国从中长期看，将来能源肯定是个大问题。从这个角度来说，生物质能源作为一个长远发展目标，应该像改革开放一样，不可动摇。至于怎么开发，要一步一步做起来，生物柴油也可以一步一步地走。我提出这么一个问题，可以供大家讨论。

勇　强：

刚才汪院士说做生物能源要考虑可行性和可能性，我作一点补充，或者说自己的观点，可能性将来是必须的，可能性肯定不行。可行性，我们应该从几个角度考虑，第一，从技术经济的角度是不是可行？第二，我们今天讨论生物能源，我认为除了讨论可能性和可行性以外，更需要讨论的是对国家战略层面上的东西。实际上大家都知道，我国的能源是不安全的，国外有人预测，可能到2030年，我国对外依存度达到80%左右。另外，我国对外进口石油，主要是中东和非洲两个来源，现在安全系数也并不高。比如，伊朗是我们第三大石油进口国，是一个非常不稳定的因素，影响着我国石油进口的安全性。我认为讨论生物能源的时候，要考虑国家安全的战略性，这是第一方面。

第二，作为长远的考虑，我非常赞成邱宏伟老师的观点，生物能源从可能性来说，现在可能还不是非常成熟。比如，纤维素乙醇、生物柴油可能在技术上或资源上还存在一些障碍，要把它作为一个中长期或者战略的规划。今天我们在讨论能源的问题，可能五年或者十年以后，就像邱老师刚才提到的，我们要讨论的是资源的问题。我们的资源是否安全？现在化工需要大量的石化原料，将来存在原料紧缺的问题，我觉得在汪院士观点的基础上，在讨论生物能源时，考虑国家战略。

宋松泉：

我刚才听了很多专家的发言，深有启发。我们现在谈能源和可持续发展，确实很难处理市场需求的迫切性与科学和技术的成熟性之间的关系。实际上还有很多基本的东西我们还不了解。举个例子，据我了解，一些植物园和研究单位在做能源植物数据库,但是到目前为止还没有一个比较完整或者权威的数据库。到底哪些植物可以做能源植物,或者哪一类的能源植物最有研发前景?这些工作都还不清楚。

对于能源植物,大部分人都是考虑到目前所熟悉的一些东西,像甜高粱、麻风树等植物;实际上还有很多的资源我们是不清楚的。我们国家这么大,在思考生物质能源时,一定要考虑它的区域化。在南方种的东西,如果运到北方来,就要消耗很多能量;北方种的东西运到南方也是一样。

我国人口众多,耕地面积少。目前,在"三北"地区有相当一部分边际性土地,怎样利用这些边际性土地来发展生物质能源是个重要的问题;也要求我们筛选高抗逆性的物种(或者品种)。在研究课题布局的时候,建议增加经费投入,既有重点课题,也有一般的课题;不要忽视一些基础的问题,如能源植物数据库、战略能源植物资源数据库。在考虑能源植物的同时,也要考虑国家的资源安全;把能源植物的研发与生态安全、环境修复和环境友好结合起来,才能做到可持续发展。

发展生物质能源和有机化工原料是发展的必然趋势

◎汪燮卿

抛砖引玉,谈谈自己的一些观点。我认为发展生物质能源和有机化工原料是发展的必然趋势。60年以前,我没有见到过煤炭,更没见到过石油,那时候有燃油灯,全是烧柴。现在看起来,氢碳原子比提高,才能够清洁生产,我们应该发展到用生物质能源对化石能源部分替代,至少从局部代替,或者逐步代替煤化工或者石油化工,再进一步发展生物化工,这是符合循环经济理念的。我认为这条路不能动摇,但是也应该看到,化石能源的枯竭还有相当长的历史阶段。

未来的石油供求关系,首先要替代它就得了解它。现在大部分人认为,今后30~50年内,石油的供需资源是平衡的;今后15~25年里面,将达到高峰,相当于50亿吨每年,高峰渴望持续20~30年。上星期我们在青岛开会,是关于2030~2050年的能源,大家对资源的问题还是抱着乐观的态度,但是并不是说不要发展生物质能源和生物质化工。

我主要是考虑低密度的生物质能源,它有些特殊性,这是客观现实。第一,化石能源生物质能源都是同根生,"本是同根生,相煎何太急",化石能源和生物能源都是生物质能源出来的,前者高密度,后者低密度;前者一万年埋在地底下,后者在地面上经过光合作用,当年种当年收;前者经过亿万年的演变比较稳定了,后者受气候、环境、储存时间影响比较大。这些因素不是哪个人说了算的,这是客观的事实。还有,我认为现在是前者,化石能源是一个大型公司或者煤炭公司可以形成完整的产业链,地质、勘探、开发、采收,然后到炼油加油站,整个一条产业链是完整的;后者还处于起步阶段,应该需要好多部门协调。这里面隐藏了一些内容,前段时候我们搞生物质能源代替化石能源,电视广播都有报道,必须要按照客观规律来办事,要把资源估计得很准确。一个煤炭公司、一个石油公司,第一有地质储量,第二有可开采的地质储量,第三是有采收率,第四才有油。根据国家统计局的数据,有多少可耕面积,有多少边际土地、沙漠、盐碱地,根据这个盐碱地、沙漠能够种多少,哪怕打40%能生产多少油。我觉得这个算法是地质储量,而不是可采储量,可采储量还乘上采收率,才能得到有多少油。我们可采储量乘采收率,一般采收率是30%,不会超过40%,这是世界上一百多年来的客观现实。多年来的各种计算产生的一些结果,所以我想可能我们认识的不足,造成估计过高的原因,不是故意产生的轰动效应,这是由于其历史原因造成的。所以我想,我们可以把传统的有机化工和传统的生物化工结合起来,在哪点结合,可以获得最大的经济效益,这是我们目前要解决的课题。

传统的生物质化工,强调深度加工、精加工和规模化,生物质能源强调生物质化工和生物质能源一体化,要有一定的规模,规模定多少?我下面还可以再说。我现在就考虑一个问题,能不能用植物油脂直接作为化工原料?刚才讲了,从低碳经济粗略地讲,氢碳比2:1,甘油酯分解以后,氢碳比就是2:1。现在搞第二代生物柴油最主要的是什么呢?实际上把油通过加氢,最后都变成碳氢化合物,而且是非常好的、质量很高的柴油。这个柴油的十六烷值是九十几,现在最好的是46,它可以到91、93。所以,我觉得现在应该考虑,能不能把植物油脂直接当成化工原料,关键是价格。当前原油期货价格5000元多将近6000元一吨,如果我们植物油进厂成本在6000~7000元,我认为可以6000~7000元一吨,现在的前原油期货价是5900元,有涨有落,大概5900~6300元,我们植物油的出油成本为6000~7000元间。制造乙烯和丙烯有竞争能力,关键是政策。

刚才谈了政策的出发点,是根据可再生能源法,增加能源供应,确保能源安全,实现循环经济,维护生态平衡。政策的支持点要鼓励种植,鼓励新工艺的研发,鼓励示范装置的建立和总体的技术经济评价,还要与用户协调。刚才第一个报告里面讲了,汽车加10%的乙醇以后,脚踩下去加油没劲,这是事实,也有理论根据。为什么呢?乙醇里面有氧,氧本身不发热,多踩加油以后,才能够达到同样的燃烧效果。问题是要跟用户协调,可以设想,如果在我们推广燃料乙醇的省市,都有一条规定,不许加普通汽油。说老实话,我肯定加没有乙醇的汽油,为什么?因为发热量高,而且都是93号,我何必浪费那个钱呢?所以,政府明令禁止还是有一定道理的,这也是鼓励政策的一种体现。

我觉得不与民争食,不与粮争地,这是大家都知道的。究竟有多少土地资源,刚才我讲的,地质储量、可采储量、采收率,这些问题我们都没搞清楚,好多数据还缺乏依据。另外,要调动广大农民的积极性,我现在也在试图搞生物柴油。但是我发现一个现象,回到农村后,看到农民大都出来打工了。我们能不能种植一些高附加值的作物?收割时,经济收入使他们有积极性,就像新疆收棉花的时候,湖北、甘肃几十万人都跑那儿去收棉花。我们将来能不能做到这一条?这些问题都得解决。棉花好收,它不刺手,但有些作物,特别是有些油料作物很硬,机械设备问题要解决,自动化问题也要解决。所以,我认为形成一条产业链,要像石油一样。石油发展已一百多年了,1847年洛克菲勒打了第一口油井,煤炭更早,经过200多年才形成完整的产业链,我觉得现在生物质能源要形成完整的产业链还差得很远。

最后我要讲一点,评价生物质能的发动机动力系统,Well To Wheel。从油井产生油,一直到车轮子发动,第一是Well to Wheel,氢气也是这样,这里边就有两个问题,一个是能源利用效率,一个是二氧化碳排放。清华大学有个美国阿贡实验室的软件,它可以计算,参数不一样效果肯定不一样。我想把这个软件结果算出来,一个能效,一个排放,可以看到乙醇燃料电池总的能效是0.09,但排放量是最低的,好的是天然气重整制氢;然后做燃料电池,它的能效很高,排放也不算高,但是氢燃料不能够绝对说死了,如果用火电网电解制氢,制氢燃料电池总能效最低是0.08,总排放量最高是436。我们现在考虑问题要有全局性,宣传部门也应该更客观、更全面报道,否则也容易产生误导。

我认为现在首先要市场竞争，要有资源，还有运输成本和企业投资、规模，再一个生物质在长期生产过程当中所需的能耗、物耗、化学能源消耗都要考虑进去，最后应该是市场竞争。但是前面有开发性阶段，应该得到政府政策的支持和鼓励；否则这个学科，以及技术、领域，就得不到成长。所以，第一，我们现在的小康社会，应该从我们生物质能源考虑，可能是一个比较有代表性的。生物质能源、化工甚至生物质能源跟生物质化工，可能会形成第一产业或者是第二产业最好的结合体，这是我自己乐观的估计。第二，根据它的运输半径能耗，以县为单位建立生物能源公司也许是可行的。与现有的石油和石化系统的规模尚无法比拟。所以要看清楚问题，前途是乐观的，但是困难还是很大的，我觉得我们共同努力一定能做好。

可再生能源和新能源国际合作

◎邢继俊

今天利用这个机会，把我们前一段做的工作给大家汇报一下，因为在座的老师特别是杨老师对我们科技部国际合作司对外合作给予很大的支持。过去两年里，在整个对外合作的过程当中，我们联合发布了两个国际科技合作计划，一个是可再生能源和新能源国际科技合作计划，另外一个是中医药国际科技合作计划。这个国际科技合作计划我觉得是顺应了潮流，今天把这个计划带给大家。刚才曹老师讲，谁说服谁，我觉得这个是专家说服政府，政府反过头来再说服专家的一个过程。这个计划在制定过程当中，我们是根据对外科技合作的一个实践。在这个过程当中，就像前几年感觉到可再生能源和新能源领域国际合作非常活跃，当时我们并没有很完整的认识。2007 年我国开展节能减排，这个大趋势都已经非常明朗了，但是在之前，只是通过实践，觉得这样的提议很多，如何做一个认真地研究、引导。在这个基础上我们请了一些专家，了解这个领域里边的发展情况，认为在这个领域里应进行国际科技合作。这个计划意图很明确，就是一个举旗搭台的作用。

大家都认识到可再生能源，当然包括生物质能源这方面，是大家都非常关心的问题，而且对经济建设、社会发展来讲是非常重要的一个领域。我们出台这个计划，就是把现有的资源和活动向这个领域里面引导、聚焦。这个计划包括基础研究、人才培养、技术系统，刚才有些专家讲到的应该建立标准、检测以及国际的对话机制，包括走出去，是一个泛泛的东西。我们是负责对欧合作的，因为欧洲在这个领域里边走得比较前面，所以合作实践里面，就要求我们通过对欧合作的实践总结出东西，做出这件事。

刚才各位老师都做了介绍，现在生物质能这方面，我们讲节能减排或者是气候变化，这块又做加法又作减法。比如节能是一个加法，我们用新的能源这是做加法;减排这块做减法。我觉得生物质能又做加法又做减法,提高效益是做减法。这方面的对外合作是非常有意义,而且外国也非常关注,这里面解决很多包括能源等问题。刚才有的老师提出能源安全问题,现在还有个很新的提法叫气候安全问题。所以今后这方面的合作,这方面的活动很可能形成一种新的地缘政治学,西方提出来气候安全,这个东西就很模糊了。以前我们都说,我们跟欧洲没有利害冲突,为什么没有利害冲突,因为我们没有直接的边界。气候安全的概念一提出来以后,我们国家排放出来的废物,可能对他们就有影响了,所以我们不做是不行的。从另外一个角度来讲,我们国家的发展也必须做这件事,我们不能被动地去应对西方国家通过什么减排这些给我们压力,而且也是我们自身发展的一个需求。在这个过程当中,我们的管理人员也要尽量跟专家进行交流和接触,达成共识。当时我们考虑这不是一个技术计划,既是国际科技合作计划,又是科技方面的。最后出来的计划,已经得到了包括国内外的积极反映,国外也比较认同。我们提出了建立国际交流和合作机制,国外包括英国能源联合理事会都愿意派专家参与我们这个活动,所以我们也希望在这个活动里边,各个方面的专家能够参与,给我们支持和指导。

我今天看了一下名单,像汪老师说的,许多专家越来越多参与到生物质能里面。比如今天化工方面的专家也占了很多,工业过程对生物质能的技术上今后可能是一个很重要的方面。以前我们接触生物柴油,很多就说是麻风树。四川大学陈放教授那儿也做了一些研究,包括以前我们也支持的一个项目,是武汉的菜子油。当时他提到这个项目时,我觉得在这个过程里面我们学到很多东西。他提的出发点是做 10 万吨生物柴油的系统,用的主要原料是菜子油,这是两三年前,不能占地,不能征粮,不能破坏环境。另外刚才汪老师介绍的,在武汉菜子油的收购成本已经超过了做出来的生物柴油的这个成本,不经济了,不实用了。但是还有一点好处,10 万吨油可以做废气油,武汉作为一个大城市,10 万吨废气油完全可以保证正常生产,这样的项目我们也在做。

我们非常希望通过这样的机会,了解在生物质能发展里有哪些好的项目,是可能和可行的。对我们来说,更注重可行这一块。所以,专家议论出可能,然后又形成一些可行的东西,我觉得再呼吁政府,政府再呼吁大家,把整个这个资源和活动往这方面集中,也就达到这个目的了。今天很高兴利用这个机会,把我们这个计划提供给大家,希望大家给予积极的支持和参与。

高 福:

政府和科学家,科学家和政府,加上企业,三方互动更好。这个互动非常重要,尤其刚才汪老师、杨老师都讲到了可能性和可行性之间的关系。在这个阶段,可行性得到确认的时候,如果没有企业用竞争机制去做,仅政府和科学家互动,互动出了好多东西没有考虑到区域性,可能上马许多项目,回头过两天还要去关闭一些项目。区域性很重要,刚才汪老师讲了,可能在县一级搞得比较好,这个很有道理。就像做沼气一样,要考虑制氢或者秸秆利用率,要到地方去做。我觉得互动可能是多方面的互动,政府、科学家、企业,在可行性和可能性论证阶段,可能还需要媒体做宣传工作的同志们一起,还有做国际合作的同志,需要调研国际的发展趋势,需要多方面的关注。

李 春:

我想补充一个例子,大家都知道新疆番茄酱的发展,也是经历了30年,从改革开放到现在,它是一个成功的例子。番茄酱的加工就是农产品的加工,产业种植地之间的关系非常明确,刚开始也是集中,一个厂子非常大,但是随着厂子的增大,其原料半径越来越大,最后反而竞争力越来越下降了。现在大家都发现,在整个新疆,光生产番茄酱的厂子就有两三百家,都是以一个县、以一个团、兵团的团厂为集中。这样在加工的过程当中,首先是种植这一块,可以区域化、集约化,来提高种植效率。另外在加工的过程当中,也减少了很多中间环节,使加工的费用大大下降,当然番茄酱的销售和生物能源不一样,番茄酱主要是出口的,而生物能源是满足当地的能源需要。另外,像新疆化石能源很多,目前很成熟,可以运输的,我们可以通过管道或者其他方式,运到生物质资源比较差的地区。通过把化石资源往人稠密的地方去用,生物质能源供给人少的地方,这种平衡可能会满足咱们生物能源的发展。

生物质制生物柴油

◎赵宗保

我发言的题目是生物质制生物柴油，我认为这是获取生物能源的重要途径之一。

生物质资源有一些特征，我想大家都比较清楚。汪院士阐述了关于能源产品元素组成和元素的分布，提到碳氢元素不断增加，是生物质能源产品化的一个趋势，我特别受到启发。如果再从氧元素演变的角度来看，通过比较常见的能源产品，发现传统化石能源的氧元素含量很低。各种各样的生物质资源以及经过直接液化的东西，它们的氧元素含量都比较高。现在使用的生物能源产品，像酒精的氧碳元素比是0.5，生物柴油为0.1。这张幻灯片(图略)显示了大宗化学能原料的元素组成。可以看到，煤炭和石油都处于坐标系中氧碳比较低的区域，并且石油还处于氢碳比较高的位置。生物质跟煤炭和石油有很大的区别，它们落在一个高氧碳比和较高氢碳比的区域。所以，从生物质得到能源产品，需要做的事情就是把生物质转化成一个氧含量更低的产品。因为我们知道化石能源碳氢原料，能源密度高。如果在生物质转化过程中同时脱氧和脱氢，可以得到类似煤炭的能源产品，这样的产品品位仍然不够高。因此，我觉得生物质能领域有个很基础的科学问题，就是生物质脱氧技术。我们一直倡导的从生物质制生物柴油，就是将高氧含量的生物质资源如玉米秸秆等转化为氧含量与原油相当的油脂。这样一种脱氧转化过程，我们认为可以有效地利用微生物天然代谢途径，实现生物质深度脱氧获取液体能源产品，这是生物质能利用最重要的策略之一。当然，热化学方法也可以首先将生物质转化成为一氧化碳和氢气，然后合成生物燃料。不过，我认为最好还是利用生物化学途径进行脱氧。

油脂资源，我不想展开讲更多。油脂除了食用以外，传统的油脂化工行业也以油脂为原料。生物质能源产品生物柴油也以油脂为原料。刚才汪院士已经提出了这个问题,能不能用油脂作为烯烃或者基础化工原料？这是完全可能的,而且经济上也是可行的,在技术上,大连化物所已有一些专利。可以这样来看,油脂可能是人类社会从碳氢化合物经济向碳水化合物经济过渡的重要化合物,是一个重要的资源。但我国油脂资源短缺,植物油年进口量在数百万吨。为获取更多植物油脂,可以种植很多油料植物。但是,根据中国农科院油料作物研究所所长王汉中研究员发表的文章中指出:“我们有能力达到70%的植物油自给率”,表明至少还有30%的油脂在相当长一段时间需要利用其他途径获取。正是在这样的背景下,我们在最近几年一直倡导利用微生物转化生物质资源生产油脂和生物柴油。我们首先将生物质水解到碳水化合物,再转化成微生物油脂和生物柴油,这是一个重要的研究思路。我们注意到,最近美国LS9公司申请了一个覆盖范围很广的国际专利。他们利用基因工程菌株生产长链脂肪酸、脂肪醇和烃类化合物,受到企业界高度关注。从这个图(图略)可以看到,他们以糖为原料,经过发酵过程得到生物质能源产品。我特别把这个例子拿出来是想提醒大家,LS9的技术回避不了脂肪酸生物合成路线。我们研究的微生物油脂,实际上是利用脂肪酸生物合成途径,转化碳水化合物为甘油酯。由于甘油酯是生物界共有的物质,所以微生物油脂研究具有很大的发展潜力。

后面的技术问题我就不展开了,我在这儿只讲一张幻灯片(图略)。从微生物发酵产生出来的油脂,跟菜子油、棕榈油和豆油在脂肪酸组成上非常相近。利用发酵技术将生物质来源的碳水化合物转成油脂,就像乙醇发酵一样,可以进行规模化油脂生产。而我前面提到的科学问题,生物质转化成生物柴油是一个脱氧过程。总结起来,油脂可能是人类社会从碳氢化合物经济向碳水化合物经济过渡的重要链接,微生物油脂是生物柴油产业发展重要潜在原料。

庄国强:

我觉得生物质首先是个资源,生物能源只是其中的一部分,包括生物炼制等。实际上我们应该讨论一下,作为有限的生物质资源,有没有必要发展生物能源,还是应该发展其他的东西。实际上,现在我看到美国能源部也在讨论这方面问题,生物质能源作为生物质资源的组成部分合理不合理。我觉得我们现在整个方向是去做生物质的能源,但是它作为生物质能源目前还存在一系列的问题,现在有非常多的争论,今天上午我们能不能把一些大的问题讨论清楚。

李　寅:

您觉得应该用什么去做能源?能源缺乏总是一个事实,否则油价也不会不断地上涨。

庄国强:

我自己的观点,生物炼制生产化工产品,这是未来真正的方向,能源因为有大量的可替代的能源产品,不一定是生物质。我看了一些文章,从1991年康奈尔大学提出生物质能源所谓净能效问题,十几年过去了,现在净能效问题也没有讨论清楚,作为生物质能源,作为消耗的也没有讨论清楚。我本身是搞生态的,从能效角度来讲,没有很好的能效,我不认为生物质能源没有替代化石能源的条件下,对环境会作出多大的贡献。

李　寅:

我同意您的观点,可再生能源有很多种,现在强调比较多的是生物燃料,主要是汽车烧的油,液体的油,在燃料电池出来之前,有一个概念是设法用其他固体的燃料开汽车。所以,这可能是要发展的一个方面。

曾安平:

从长远的发展看,技术的可能性要考虑进去。目前来讲,生物转化过程CO_2的排放量还是相当高的,其中很大一部分的碳排到大气中去了。但是有可能把它利用起来,将CO_2转换成有机物,作为生产化学品的原料。另外,大家现在都在说,能源植物的种植要用化肥,而化肥的生产以及能源生物的种植过程也要消耗能源。但是在这些方面,也许将来有别的途径可以替代目前的这种方式,减少能耗,我相信十年后这方面会有所发展。再有,发酵过程本身的杂质和废弃物的重新利用,目前还没有很好地开展起来,如果把这部分利用起来,生态效率会有很大的提高,这方面还有很多的工作要做。

万印华:

现在做生物柴油有一个很大的问题是原料来源的问题。如果通过微生物、微藻发酵,从某些方面讲对油脂来源是有很大的补充和提高。汪先生刚才讲的可能性和可行性,我认为目前可行性主要涉及经济方面。技术方面,从现有的技术来说,技术上大都具有可行性的,主要需要进一步完善。作为一个替代来说,我觉得要考虑当前和长远的关系,关键还是要研究经济上的可行性。我们国家可能很多有关藻类的项目要启动了,是比较热的项目,在这方面还应该要好好地研讨一下,特别是经济上的可行性;还有从长远来讲的可行性,不能一哄而上。如果现在要大规模的示范和推广,追求所谓规模和轰动效应,花很大的力度来投资做的话,我觉得还是值得好好考虑一下。

曹竹安:

我想问一下赵老师,您在技术研究上花了比较多的时间,也取得了相当多的进展,走了一个中间路子形成了油脂。现在看了一些资料,因为土地是有限的,是不可再生的资源,所以我们要用有限的土地来生产,能不能初步评价一下,一亩地或者一公顷能够得到多少这种柴油?就按粮食产量算,一亩地产一吨玉米,这样算下来最后能够有多少?因为最近一家公司找过我,他们讨论在刚果买地种棕榈,棕榈产油最高的,每公顷6吨,您有没有这么一个初步想法,而且以后还能提高到多少?我想请教一下。

赵宗保:

这个数据是有的,现在的油料作物,像菜子、大豆和花生,年产油脂可转化成生物柴油的量每公顷在0.5～0.8吨。而如果用高产能源作物为原料，通过发酵获取油脂，每年每公顷生物柴油产量在2～5吨。现在的木本油料植物麻风树，生物柴油产量在2～3吨/年的水平。其他少数尚未大规模推广的木本油料植物，据说生物柴油可以达到每公顷5～6吨/年。

勇 强：

针对庄国强老师刚才给大家抛出的问题，我发表一下个人的观点。庄老师提出，生物质为什么不做其他产品，为什么要去做能源？首先我是支持生物质做液体燃料的，但是有一个观点，我并不是说替代，因为目前这个形势，应该说走能源多样化的路，不能说哪一种能源替代，是一种补充，发展要有个度的问题。从能效来说，生物能源数据表明能效是一个负值，从加工过程的附加值来说它也是非常低的。为什么要做乙醇和生物柴油呢？实际上前面我提到了一个能源安全的问题，汽油用什么来替代？或者说用什么来部分替代？现在看来就是乙醇。生物质可以作为液体燃料的替代品，除了乙醇和生物柴油以外，还找不出更好的替代品。在目前找不出更好替代品的情况下，我认为发展乙醇和生物柴油是一个正确的选择。

发展生物能源需先提高技术水平

◎石贵阳

我心情比较复杂，我能参加由中国科学院和中国科协主办新观点新学说这样的沙龙感到非常的荣幸，也很高兴。来参加这个沙龙的专家基本上都是自己在做生物能源或者是与此相关的，我经常在想，我为生物能源到底做了哪些实际的工作，不管是从学术还是从技术，我要表达的东西可能比较乱，好在这是学术沙龙。

我认为，生物能源也好，生物质能源也好，还是个定位，刚才院士和专家都讲了很多，实际上包括曹教授讲的，国际的油价涨了，我们能不能完成开发生物质能源这样的任务，我们有没有能力完成这样的任务。事实上生物能源作为能源补充，不可能去完成这样的工作。既然生物能源只是作为一种可选择的可替代的一小部分，研究的项目没有重要和不重要之分。如果要讲可行性，至少是你的技术已经是成熟到某一个程度了，才有可能去谈可行性。实际上现在生物能源有许多方面的技术，有没有到一个成熟的程度？如果要讲纤维素开发，其他问题都集中到纤维素怎么样变成碳水化合物，怎么样变成糖，这个可行性怎么样？纤维素在自然界存在这么长时间，真正把它变成或者有效率的来利用，只能是一个战略上的考虑。

生物质能的开发与利用将对缓解能源危机起积极作用

◎宋松泉

生物质能的高效、合理开发与利用,将对缓解我国的能源危机,保护生态环境,减少 CO_2 排放以及解决“三农问题”等起积极的作用。我国发展生物质能源的特殊要求是不占用耕地,不危及我国粮食安全;分布区域广,便于各地规模化种植;生产成本低,或有望最大限度的降低成本。甜高粱作为能源植物的优势在于:① 生物量大;② 抗逆性强;③ 种植区域广;④ 易于机械化操作;⑤ 甜高粱作为作物不会导致严重的生态危机,容易构建循环经济模式。

但是,将甜高粱作为能源植物并进行规模化生产还存在一些问题,近期主要研究目标是:① 整理、整合现有的甜高粱种质资源,建立甜高粱种质资源数据库。数据库的信息应包括种质来源、已知的能源性状和栽培技术;② 对甜高粱种质进行遗传多样性分析,建立甜高粱核心种质;③ 对核心种质进行能源性状特别是不同区域、不同环境下的能源性状评价;④ 系统研究干旱半干旱地区以及盐碱地甜高粱栽培技术;⑤ 建立甜高粱的再生体系和遗传转化体系;⑥ 研究甜高粱秸秆的贮藏生理,建立有效的贮藏技术;⑦ 研究甜高粱规模化种植对环境和生物多样性影响的评估体系和评估方法。长期的研究目标是:建设甜高粱分子设计、分子改良及分析筛选平台;研究甜高粱秸秆糖分代谢网络及其调控;对甜高粱的重要能源性状、抗逆性状进行分子设计和定向改良;选育出具有高生物量、高抗逆性和优良能源性状的超级甜高粱杂交种。

高　福:

由于时间的关系,我补充一点,刚才庄老师的发言已经考虑到生态,原来我们这个沙龙的题目叫做"生物能源:社会福音还是生态灾难?",后来与曹老师、李老师及中国科协商量了很多次,社会福音是不是改成社会发展,或者叫发展福音还是生态灾难。策划本期沙龙之初是想聚焦发展生物能源最后到底对生态有什么影响?所以我希望下午可以聚焦到这个更宏观的议题多讨论。

刚才曹老师和其他老师聚焦得比较细了,可能性和可行性都考虑了,分析到底该怎么干了。实际上我们能不能做的问题还没有回答,我觉得下午要聚焦一下,曹老师提的问题,大家来探讨一下。

会议时间

2008年6月6日下午

会议地点

北京金隅凤山温泉度假村

主持人

曹竹安

曹竹安：

下午继续发言，我和高福、李寅三个人商量了一下，大家可以在两个单元有所侧重，一个单元是侧重在生物能源的产品上，一个是生物能源的原料上。因为有时候原料和产品也分不开，因为有什么样的原料出什么产品，也可以有点交叉没有关系。清华生物系的吴教授是做藻类的，现在藻类做生物柴油呼声非常高，也得到中石化集团的重视，美国也非常重视，下面先请吴教授先讲讲藻类的一些背景材料。

以微藻为原料生产第二代生物柴油

◎吴庆余

非常荣幸有这个机会跟大家交流。现在生物能源的话题很热，我认为，作为科学家，最根本的生命线是在实验室里做研究，这也是我们的根本。我觉得中国科协组织这样的学术沙龙形式非常好，交流以后会对我有帮助。

我的标题是"藻类发酵来做第二代生物柴油"。我先介绍一点藻类的背景知识，如果有时间我也愿意把我们新的学说或者是新的一些成果跟大家交流一下，听取大家的意见。

我从上大学起开始研究，到现在一直没有离开过藻类。藻类有它的特点和优点，但是我讲它的特点和优点的时候，并不是贬低其他的材料，为免大家产生误解，特此说明一下。

关于做生物能源，我们不是在跟风，我从研究生阶段就一直在做，真正开始独立做是 1989 年，到现在将近 20 年了；而真正做现代能源，我是从 1998 年开始的，也做了十年了。我们最早在 1989 年发表的文章，题目是《从蓝藻的热解来做天然气的成分》，之后陆续发表了很多 SCI 论文，还有一部分是关于纯的分子生物学的，主要是这两个领域。

我很同意几位院士说的，不能说一个东西热就跟着热，所以我讲藻类的特点和优点的时候我虽然强调它有自己的特点和优点，但是我也不会避讳它的问题。

藻类为什么热？有这么几个理由。

第一，藻类的光合作用高。为什么比普通植物高？以微藻为例，一个藻类细胞就是一个生命个体，整个细胞都是叶绿素，但是一个植物根茎里没有，只有叶片里有叶绿素。按照单位体积光合作用来说，它含的叶绿素高；另外就是光合作用效率高，藻类在水里面是一体分布的，它可以随着水的搅动循环，均匀地接受太阳能，这样的循环过程能够提高它的光合作用效率，这是它的第一个优点。

第二，它繁殖周期短。藻类繁殖一代也就是几十个小时，而植物至少好几个月才能从种子到果实，有的树木甚至要几年。由于它代时短，和微生物有很多相近的生物特征，这也使它具有一般微生物具有的特点。

第三，它是单细胞藻类，所以可以在容器里面，可以用发酵的方法人为地控制大量的培养，不需要传统的农业方法，它可以工业化、自动化。归纳起来，藻类热我想主要是这三个原因。

正如前边所讲，藻类有着许多优点，但是利用藻类进行生物柴油产业化、商业化生产至今没有实现，主要原因是什么呢？问题在哪儿呢？我一直在藻类界做研究，这个原因我清楚，我们搞藻类的人都清楚，什么原因？牵涉藻类的两个特点：第一，它长得快；第二，讲它含油量高。但是一种藻同时长得快且含油量高的还没有；有些藻类含油量比较高，葡萄藻含油量60%多。这也就是目前主要的问题，也是一个矛盾。所以我讲有两方面，藻类有三大优势，但是同时也存在这样的问题。

从战略上、逻辑上以及理论上来说，藻类都是非常好的一个能源原料。长远来说，它是非常有竞争力的，是很有潜力的，但是目前有这样一个瓶颈问题，实现商业化还需要一个过程。这是我的观点，好多科学家在研究这个方向，在想办法解决这个难题。

我们实验室找到了一个途径和方法，让藻类既长得快，又含油量高。下边我会简单介绍一下，里面的细节，要等申请专利才之后才能公开。

我们用的材料叫 Chlorella Protothecoides，叫小球藻，原来用做呼吸作用以及分子生物学的研究。小球藻做呼吸作用有很好的优点，进行光合作用，可以进行自养，也可以进行异养，这个藻类我从美国带回来以后，在我实验室里面一直连续接种培养已经有 17 年了，直到现在还在进行筛选。在模拟石油成因的时候我用的就是这个藻类。我用绿色的细胞和黄色的细胞进行对比，通过控制同一个细胞产生不同颜色的变化，我们对两种细胞做对比产生模拟石油的形成，结果分析发现黄色的产生量比绿色的产生量大了32倍。经过分析，发现制氧细胞变成异养以后，蛋白含量大大降低了，脂肪含量升高。后来，我在实验室一直用这个材料做诱变筛选，希望能分到生长快含有量高的突变株用于生物柴油方面最后终于筛选到了，这个到现在为止，只有我们实验室有。

我们的试验有以下几个创新点：第一，我们用小球藻进行大量培养做生物柴油；第二，第一次把藻类的培养用工业上成熟的发酵技术来做，把成熟的工业技术应用到藻类上来，这是我们第二个创新点。我们发酵得到的藻类细胞，黄澄澄的，里面含有大量的油脂，提取出来的油可以做生物柴油。

我们利用MS分析了其中脂肪酸的组成，它的18C和16C脂肪酸超过了90%，如果是长链不饱和的就更有价值了，其中短链的11C、12C，做航空煤油也是可以的。在美国的波音公司，美国国防部支持他们用藻类做航空煤油。另外，与传统的石化柴油对比，发现它们热值相当，其熔点比石化柴油更低。但是接下来更重要的问题不是理论上的，而是产业化方面的，能不能大规模生产。现在最大的问题仍然是它的成本，如何把成本降下去，仍然是问题解决的关键。

另外，我们对两个争论进行分析，第一是关于以藻类为原料生产生物柴油和植物油料生产生物柴油的争论，它们的技术差别是很大的。对于现在的细胞工程技术，我们生产周期5~10天，正常是5~7天，有时候为了更高的密度可以做到10天，对于植物油料则要几个月甚至几年；油含量一般高于40%~50%，而植物油料中油含量大部分低于20%，所以这个优势是相当大的；另外生产周期也有着植物油料无法比拟的优势；还有土地的占有，如果用发酵方法占用土地很少，并且培养过程中水可以循环使用的，不渗到土地里面去，用水量很少，我们相信它的潜力是很大的。更重要的是第二个争论，是和燃料乙醇的对比优势，本质上它们都是用糖做原料，过程都是发酵，酵母发酵、藻类发酵都可以工厂化，原料是一样的，都是生产能源，这可以比较。最重要的就是比较转化率，燃料乙醇的转化率一百克糖转化成40克的乙醇，一百克糖可以转化成30多克的油，我们转化率比它低一点，但热值比它高得多，用热值乘上转化率，这个途径比较好。

我们讲创新，现在做液体燃料，主要是以糖和淀粉来做燃料乙醇，另外用植物油、动物脂肪做生物柴油，是我们第一次。我们的技术进步有5个里程碑。第一，2006年春天，第一次用藻类异养生产的油做分子柴油；第二，是用发酵罐来做，第一次用藻类和发酵来结合；第三，是到工厂去做大规模发酵，我们发表了有关高密度发酵文章；第四，专利公开以后，我们就可以宣布最新成果了；第五，我们把光合抑氧结合在一起，光合作用引进来，我们进一步提高它的竞技性，这是我们第五步，是我们的发明专利。

曹竹安：

我们可以结合这个来讨论了。

陈树林：

对于藻，你讲得比较多，我想有几个问题：第一，你说的是用微生物发酵做油脂，大约有100年的历史，你用的这个藻可能是第一个做的，但是其他藻类的发酵，80多克不算高，4月份我开会的时候，有一个公司用这种方式做的，我问他，我们在实验室发酵干重能达到每升140克，他说我们已经超过了那个水平。我的意思就是说，80克、70克的水平，在这个藻类很可能是一个高水平，但是在其他藻类不一定。另外，我觉得这个比较，刚才这些图，有一些参数的比较，需要小心，如果不小心的话，有可能会误导。实际上藻类的好处是有，但是它有很多缺点，你刚才说用有机溶剂萃取，这个方法在美国根本不能实行。跟乙醇比较，它在整个这个生产过程当中的造价有多高，能量输入比较，这些数据还是有一定的空间可以保留的。再一个，你先用光养(Phototrophic)过程先长数量，然后用异养，然后让它长胖一些。但一开始藻的生物量非常小，既然它不很多，如果利用二氧化碳，它的利用量也不是太高。这是我了解一部分，还有一些不是太了解，我想提出来，使其他的听众对这个东西多画一点问号，因为这是我们今天的目的。

吴庆余：

我们想过这个办法，早晨还和武汉的老师讨论过，我们试过，也想过这个问题。

江　宁：

用淀粉水解液代替葡萄糖，这个不一定很必要，我十年以前和欧洲的公司合作，提出过是不是把淀粉酶基因放进去工程菌，用淀粉代替葡萄糖，欧洲公司的人说这个完全没必要，葡萄糖比淀粉还便宜。

吴庆余：

这个没必要，把淀粉变成糖这个成本很少很少，这不是主要的。

李　寅：

比较的时候需要注意能耗，藻类生物柴油是好氧发酵，而乙醇发酵是厌氧的过程。藻类发酵周期相对长，能耗是相当大的，需要考虑。

石贵阳：

我补充一点，现在酒精发酵的浓度，如果是真的能够商业化，做到15%是很容易的，不是说10%以下。

曹竹安：

比较忌讳和另外一个方法的低指标比，全国一半以上的原料，一般都在12%以上。

郝小明：

他们指的是15%～16%是体积比。

吴庆余：

我搞燃料乙醇是外行，10% 不是平均数吗？我改成 15% 可以吗？

曹竹安：

15% 高了，12% 是毫无疑问。

吴庆余：

这个数据稍微做点修正，不影响。

曹竹安：

转化率怎么也应该在 45% 以上。

吴庆余：

我说的是 40% 多，我知道转化的数据是 48%。

曹竹安：

能量转化率是多少，用另外一个角度比，生成高热值的化合物需要有一个更好的方法，同样是热值来比，因为乙醇的热值只有汽油热值的 80% 多，这个热值基本上和汽油的热值是一样的，和汽油柴油的热值差不多，按千克算。按热值来算是一个更合理的比较，因为我们要的是热值，要的不是化合物的量。

许正宏：

我刚才简单地帮你算了算，按照高密度的发酵，形成一吨生物柴油的价格在 3 万 ~5 万元，按照生产周期、含油量、生物量来说，现在我们国家做燃料乙醇，大概在 5000 元。这两个方法，我觉得目前看还没有可比性。

林章凛：

其实我跟许多老师有同样的想法，我们还要在某些地方做更多的改进，是不是转化更好，还是说后面分离的成本更低，我觉得这两个分析，感觉终端都差不多，我很难相信这两个有那么大的区别，算了一下，差不多。

曹安竹：

我看资料也是比较了一条，含油量高，原因是它光合强，叶绿素在整个细胞内，平常咱们做过。

林章凛：

从化工的角度看，我很难相信。

局面和困惑：用好观点好技术解决被动局面

◎郝小明

我在中粮集团生化能源事业部工作，中粮集团原来是粮油贸易企业，这几年集团把生物质能源和生物质化工作为集团战略转型的一个主要方向。最近这三年，为了开展这项业务，集团投了 50 亿元。最近我们在检讨，这些投资对集团长远业务和对自身业绩的贡献，给集团带来哪些正面和负面的影响。

鉴于生物质能源国内和国际的大环境，各界对生物质能源发展的争议比较大。粮食作为原料，国家已不让用了，中国要发展非粮原料，资源紧张是主要问题，无论采用什么原料，资源都是紧缺的。在非粮原料中，以木薯为例，全球的产量虽然很大，可一旦进口就会引起价格上涨。我国广西地区自产的木薯不能满足中粮集团工厂的需求，还需要进口一部分木薯干片。之前进口木薯干片价格很便宜，后来木薯到厂的价格就涨到 1600～1700 元/吨。2007 年 4 月份我到泰国去了一趟，主要考察当地的原料供应基地，中国企业如果压低进口价格，泰国的供应商就在木薯中掺沙子，这对工厂装置的稳定运行的负面影响很大。

关于甜高粱，中粮集团曾跟 BP 公司合作，把甜高粱作为一个合作的方向，2006、2007 年也花了几百万元，做了种植收储到压榨、固体发酵和液体发酵几方面工作，发现主要问题是种植、收储和物流。本来我们想投资 6000 多万元建一个 6 万吨的糖汁的榨汁厂，后来考虑到风险没敢往下做，目前处于停滞状态。其他的非粮原料还包括红薯，红薯在中国产量比较大，一年上亿吨，但是红薯形成稳定的工业生产原料的模式却非常难。红薯与木薯差别很大，木薯在产区由于当地自然的气候，三天就能自然晾干，不需要额外增加能耗和成本。我国的红薯产地，如四川、湖北等主产区，收获时基本上是阴雨绵绵的季节，仅靠自然气候条件晾干，并长期储存很困难，如要人工烘干作为稳定的工业原料，其能耗和费用成本就上去了。所以，红薯做乙醇的项目，我们也没看得太准，准备先建一个规模的装置，比如说5万或10万吨的工厂，再探索稳定原料供给模式。其他在讨论规划的范围之内的非粮原料，在中国都不太现实，包括藻类，如果要真正形成一个稳定的大规模的工业原料，我觉得也不是3～5年的事情。中粮集团与国外其他公司一样，将注意力转移到木的纤维素上面。我们与诺维信等国外一些公司合作，自认为做的一些结果还不错，但是真正想形成商业化，实现商业运转，成本以及其他的一些问题矛盾也比较突出。目前在纤维素领域，一个思路是水解路线，从糖平台这个角度发展；另外一个思路是热化学转化平台，如生物质气化路线。对于生物质能源，现在争议比较大，我们现在也在检讨和总结自己的工作，生物柴油我们至今没敢做，因为若用植物油做，不管国内国外的观点都认为不是发展方向。2007年与BP公司合作时我们讨论过，BP公司就不做植物油的生物柴油，包括棕榈油也不做，当时我不太懂，棕榈油在东南亚的资源很丰富，为什么不做呢？因为他们认为这样做对环境是一种极大的破坏，不环保，他们坚决不干这件事。中粮集团作为中国第二大食用油榨油企业，现在开展的生物柴油工作，主要是利用自己的边角废料。中粮集团每年大概有五六万吨的资源，已经在石家庄设炼厂，采用闵恩泽院士的超临界高压醇解技术，完成了“皂角酸化油”制生物柴油的中试。

吴庆余：

你们做这个糖的浓度是多少？

郝小明：

我们做的是18%，不浓缩。

吴庆余：

里面主要的还是木糖。

郝小明：

主要是葡萄糖。

郝小明：

我们中试装置酒精浓度是9%，我所见到的国内外报道现在还没有这个数。

吴庆余：

我试过，我们自己把人家的纤维素水解液拿来做实验，研究生自己用甘蔗渣水解做过实验。

曾安平：

我想问一个问题，关于油料的来源问题。我是江西人，以前我们家乡那边到春天的时候能看到大片大片的油菜地，跟现在我在德国汉堡那边看到的差不多。我父亲曾在农业局工作，他最近跟我讲到，现在老百姓根本不种油菜了，以前收完水稻，可以种一季油菜。我不知道这是局部现象，还是具有代表性的。如果是带有全国性的问题，这种油料资源的潜力到底有多大，有没有这方面的数据？像中粮集团这样国内最大的油品贸易企业，有没有一个大概的估计？

郝小明：

我对油料这方面不太熟悉，比如说玉米，争议也比较大，中国玉米的种植面积和美国种植面积差得不是很多，美国2900多万公顷，中国2700多万公顷，但单产几乎是美国的60%，你说我们的潜力有多大。我与美国谷物协会的主席访问的时候也谈过，他们主要通过技术的进步，比如说转基因技术，即便发展到今天，如果转基因技术能再进一步推广和提高，美国人玉米的产量至少能再增加15% ~20%。

曾安平：

有关多大潜力的问题，一方面是能种的地不种，另一方面当然还有技术上的潜力。

郝小明：

单产的提高对资源的供给也是很有利的。

解决能源问题是个复杂而漫长的过程

◎柳永茂

我是诺维信公司的，对于生物能源不仅我们这里争论，欧洲也在争论，全世界都在争论。刚才中粮集团说到了美国玉米产量高，最近我们总裁接受西方一些记者采访的时候，发表一个讲话，其中有一条是欧洲要重新定位 GMO 的问题。大家知道，GMO 的问题欧洲最先提出的，回过头来，目前欧洲要重新审视 GMO 的问题，这就牵扯到粮食不够了，大家很紧张。同样欧洲也存在玉米产量不高的问题，解决开源问题，这是一个看法。

还有一个看法，最近粮食少了，欧洲争论得很厉害，由于燃料乙醇而引起粮食价格上升，但粮食的实际消耗比重是很小的，美国大约增加 2% ~3%（插话：对美国影响很大，美国玉米的 1/4 做了燃料，在中国不到 2%），增长的量不是很大，当然这也有其他的各种原因，若完全把此归结到燃料乙醇，恐怕也不对。2008 年 5 月 7 日新华网转载了一个关于我们公司和美国实验室研究生物酶的消息，生物酶的一部分基因在编码水解酶的时候，比较高效。现在看来，很有可能在解脱纤维乙醇上做一个很好的突破，这是 *Nature* 杂志上发表的文章，国内很多媒体也转载了。

再就是关于减排的问题，我们公司做得比较细致，因为一方面作为发酵过程当中是一个净排放的过程，但是如果使用酶的过程，是一个减排的过程。

究竟生物能源是好还是不好？我想如果简单地做一个评价很困难。记得我当初搞燃料乙醇的时候，从粮食出发，主要的一个目的是来解决我们陈化粮的问题，解决北京和上海等大城市环境污染的问题，还有就是解决我们用户（酒精厂）的问题。我们把美国的方法推广到中国来，1999 ~2000 年，当时石油的价格大概 23 美元/桶。到现在七八年的时间，像曹教授讲的是我们确实打了一场遭遇战，谁也没有料到石油价格一下升到那么高，所以针对石油的紧迫感，现在生物能源各种办法都上来了。我想，一个办法是开源，另一个是节流。现在国家发改委在采取各种措施抓节流，目前已开始见到一些成效了，降耗的效果很好；回过头来开源的办法也是五花八门，各种各样的方法和设想，各种各样的新思想新学说都出来了。如果从宏观的国家政策的角度来看，在能源方面，可能要进入一个多元化的过程当中。这个多元化可能在未来能源的发展上，是一个不可避免的过程，可能会持续很长的时间。所以，我觉得今天的学术沙龙要有新观点新学说，这个组织方式就非常好，因为只有这样，各种各样的观点，各种各样的学说，各种各样的设想，才能推到台面上来。在这个过程当中不断的暴露问题，不断地实践，最后大家统一到比较成熟的方面。我想，我们国家可能要经历这样一个阶段，不仅仅如此，可能全人类都面临这样的问题。所以，在这个过程当中，在宏观政策上应该鼓励大家。

发展生物质能源是个系统工程

◎张卫红

刚才中粮集团也说了，我们诺维信公司的数据也表明，有8%的玉米做生物酒精，这是2006、2007年的数据，2008年可能会增加，以后每年都会增加，但是世界粮食短缺完全怪罪于用粮食来生产酒精是不对的。

今天上午石老师也说过，我们诺维信公司的专长就是酶解。现在用各种各样的粮食做酒精，在我们国家肯定是不现实的，我国的粮食很少，还有饲料的问题。生物质能源是一个长远的发展方向，但是现在来讲，它需要很多方面的改进，整体是一个系统工程，从开始的预处理到酶解，如何生产更多的附加值高的副产品来使它整个系统经济可行，需要很长的过程。像今天上午汪老师讲的，石油工业发展一百多年才形成现在系列的产业化，我们从生物质到生物能源这步也要像石油产业一样，形成一个系列化的产品，是系统工程，除了酒精以外，还要生产更多高附加值的产品。有一个很好的例子，山东某个公司，用玉米糊生产酒精的同时，还生产出很多功能糖，用功能糖的效益养酒精厂，这样可以达到经济可行，我觉得所有的项目都应该像这样做。从生物质到酒精，是一个很难的过程，因为它本身复杂，生物质的成分各种各样，也都非常复杂，所以这条路还很长，大家要有耐心，要不断地探讨，要各个部门、公司、科研院所还有政府通力合作，经过很长一段时间才能达到目的。我觉得整个生物质能源还是一个很好的方向。

石贵阳：

可能有许多人认为，只要木质纤维素，把它作为一个发酵的资源或者是机制，如果这个问题能够高效地解决，是不是其他后面都解决了。刚好郝老师也在这儿，比如说纤维素，不管是秸秆也好，还是次生林，很高效的酶转化成葡萄糖或者其他发酵原料，能源问题能不能跟着解决，我认为解决不了。因为我没有数据，现在的环境问题，比如说乡村使用了天然气烧饭，环境就好了起来。20年前，我在浙江山区工作，要求每人砍一把柴，带着干粮要走一天，那时候没烧煤气。现在用了大量的煤气以后，树能长起来，若用这个东西做能源，生态环境势必是另外一个样。今后，生物能源最多只能作为一种补充，很小的一个补充。

全程生物操控获取生物质能源是有可能的，但需要时间

◎张晓昱

我首先要感谢三位主持人，尤其是李寅博士给我提供这个交流的平台，我是华中科技大学的，我发表三个想法。

第一，关于生物质能源好与坏。我觉得在这里面，不是好与坏，是面临做与不做的一个抉择。生物质能源走到今天，刚刚结合上面很多的报告，我的观点是生物质能源尤其是农林废弃物，即今天的纤维质能源，我认为应该要做的，并不存在好与坏的问题。在众多的能源领域，有风能、核能，但是不能缺少生物质能，也就是说无论从科学兴趣，还是从国家重大需求，都应该是各领风骚数百年，都应该做得更高、更好、更强的问题，不存在做与不做的问题。作为我个人，我觉得应该有一种信念，“曾经沧海难为水，除却巫山不是云”，这个路要走下去，不受外界任何的干扰，这是第一个多元化的问题。

第二，既然是要做，尤其是瞄准农林废弃物，也就是纤维质的能源，我们应该怎样思索。早晨汪院士提到的，我们提到可行性还是可能性的问题，就这个问题，我发表一下自己的观点。从目前的现状来讲，我觉得还是过于躁动，我认为由可能变成可行，而且由不可能变为可能，大家要安下心来，从科学问题做一些更多的思索，从学科交叉做更多的思索。刚才张卫红老师也说了，整个纤维质能源是系统功能，不管是生物柴油还是燃料乙醇，实际上它都存在两个方面的瓶颈问题：一个方面，如果瞄准生物质能源，它的可转化示范的问题，产生与示范问题，我们怎样把自然界千百年来将木质纤维素从农林废弃物里面产生并释放出来，这是一个瓶颈；另外，它并不是一个单一的，如燃料乙醇，是5C和6C

混合在一起的,这种混合怎么样提高转化率的问题。

第三,即使要做的,我们从宏观上讲,现有的技术不是说做不到,而是有两个方面的现状:一个是环境友好性,现在设备的要求和它的结果都远远达不到国家节能减排要求的理想状态,因此节能减排就成为一个重点;另外,由于它的能耗问题、环境污染问题导致它的抑制因子产生以后,转化率低下的问题,接着就是经济的可行性。我们技术的提高围绕这两个方面,这两个方面就是一个循环、综合的一个技术集成,我认为很关键。我们不要说只见树木,不见森林,应该全盘把握和操控。我认为,生物质预处理绝对是个瓶颈问题。在浙江召开的一个生物技术会议上,我曾经问过浦东大学的一位教授,为什么我们做这么多,但是现在为止,不管是美国还是中国都没有形成产业化。他说,主要是经济成本的问题以及能耗的问题。我实际上做了七八年木质纤维素、木质素生物降解问题的基础研究,如果围绕环境友好性,它的方向是对的。因为它的过程比较温和,在现在的生物处理之下,我们将纤维素酶的数量通过改变它的有效性和非有效性,可以降低;另外,我们有一个结果比较有希望与磷化技术相比,我们的抑制因子可以说没有,在等同的情况下比较,我们的乙醇转化率要高得多。这给我们一个启示,用生物的办法应该是有希望的,不能说不存在难点,它需要有一个过程沉淀,比如说它的周期长、规模化的问题,这些都要不断地进行深入的思考和研究。

另外,我觉得相对理化处理比较起来,根据我们的研究表明,由于生物的释放是个缓慢的过程,因此在木质素解体以后,有很多 LCCC,还有木质素结构下增加很多"强直",对它高价值的利用留下了一定的空间,是否利用各个学科交叉的集成来解决一些问题。因为这个过程的周期长,通过降低它的经济风险,而且真正做到资源的物尽其用,正如联合国一位官员曾说过,实际上资源不在于产生了多少,而在于利用了多少,这是我第二个问题。技术上的可能如何变成可行,需要全球的眼光,需要一个技术的沉淀,需要一个学科的交叉。

第三个方面,讲到与环境生态方面的关系,与庄老师底下交流时,庄老师告诉我,不管是秸秆还是其他的,如果回归土壤,影响量只需要 25%,也就是说还有75%的利用空间。现在在农村我们经常可以看到,像秸秆等经常被付之一炬,二氧化碳骤然释放。从二氧化碳的释放来讲,势必也是一个不利的方面。从这个角度来讲,我认为利用农林废弃物,真正走到一个尽头,还要利用纤维质的原料。我们不仅把里面转化的释放出来,还可以通过微生物代谢工程的技术,将里面不能转化的变成可以利用,提高我们的转化率。这是一个平台技术,不仅仅是能源,包括整个的生物界的产品。如果是采用生物办法和光合效应的话,这个过程资源化的空间势必离目前理化处理的空间大。我讲一个新观点新学说,我认为全球生物操控是有可能的,只是需要时间,需要交叉,需要沉淀。还是那句话,我们需要"曾经沧海难为水,除却巫山不是云"。

陈树林:

我想对张教授提的生物预处理讲一下。在自然界当中,生物预处理最优秀的榜样是白蚁,白蚁只需要两样,第一是木头,第二是水。白蚁能在24个小时之内,把吃进去的木头的25%的木质素降解,绝大多数的纤维素和半纤维素被吸收。没有压力,常压状态,没有高温,没有酸,没有碱,白蚁本身就造成了这么一个生态系统,微生物的一个群落。在微生物的群落当中,它就能够巧妙的相互作用,把纤维素给降解掉。既然白蚁有这个本领,我们就应该用现有的现代化手段来研究,把这个系统仿真出来。我们是做工程的,就做一个跟白蚁的肚子一样的系统,所以生物预处理的方法是需要大家再仔细考虑的。

宋松泉:

你所了解的白蚁对木质纤维素的降解进展,能不能简单讲讲?

陈树林:

我在美国新奥尔良开会时,有两篇文章讲,白蚁肠道里面的环境不一样,它的pH值可以达到12,是碱性环境,它的下一段肠道是中性环境,白蚁本身也产生一些酶来帮助消化。因为白蚁需要降解25%的木质素,陈洪章教授有一个观点，木质素的降解不需要100%，只要降解20%、30%，剩下60%、70%就没有问题，纤维素、半纤维素便可以利用了，白蚁就是25%左右。

石贵阳：

对于白蚁，我们没法真正模仿，完全没有办法控制，我认为弄成的可能性很小。

张晓昱：

其实在自然界中，不仅仅对自然界不会产生危害，甚至对自然界产生好的环境，如果构成一个高效的菌群，这种可能性还是有的。

曾安平：

张老师说得非常有道理，我们最近就在利用微生物菌落来做研究，这确实是一个方向，在技术上有很多工作可以做，但我们还没有做。刚才白蚁的例子非常非常好，我相信这里边用现代生物学手段，肯定可以做出一些东西来，并不一定要用白蚁，但是可以模仿这个生态系统，也许将来十年、二十年可以做到。

林章凛：

模拟白蚁的系统，用可控菌群的方式来做。

石贵阳：

只要高效的能够降解纤维素，肯定是危险的。

张晓昱：

我要解释一下，陈教授的微生物群落概念，我们也同样进行了研究，有意识地选择一些对人类没有危害但很有降解能力的菌类。

石贵阳：

但是达不到我们工业上面要求的高效。

高　福：

最后像研究核能一样，原子核的裂变、氢弹原子弹都研制出来了，估计石老师担心的是这件事。

跳出现有框架，满足能源发展需求

◎江　宁

讨论生物能源可持续发展这个话题，我认为我们有一个思维定式建立在现有的框架上面，没跳出去。当然这与利益有关，比如说我们有这么庞大的工业，有这么多石油化工企业，一下子全部替换掉，显然是不行的，我们必须寻找替代的液体能源。我觉得从可持续发展的角度来讲，如果光是抽象谈能源，我们用核能、太阳能，建电站肯定是没有问题的，能满足当前能源发展需要。现在要解决的是液体燃料的问题，我们好像习惯于化石能源时代建立起来的体系，老是在想寻找替代物。把这个思路抛开以后，我们若能够解决高效能的电动车代替现有汽车的问题，以不燃烧燃料作为动力，对缓解温室效应显然是有贡献的。但是我们要这样做，可能是一个很大的系统工程，加油站要变成充电站了。从可持续发展角度来说，我们有必要撇开这个思路。

现在还有一个怪圈，从物质角度来讲，我们想了很多办法，把纤维素降解，把纤维素酶活力提高，把纤维素做成酒精，我们把大分子做成小分子，把小分子烧掉；反过来，我们又把小分子做成聚乙烯，再聚合成高分子做材料。我们可不可以把本来是大分子的东西能制材料的就做材料，本来是能源的东西该烧就烧，不要在转化的过程中浪费能源。纤维素本来就是天然纤维素，做纤维材料也许性能不太好，但可以设法改性。我们用聚乙烯之类的高分子材料用惯了，而其他的聚合物如果稍微改进点，也许也能替代。材料之间无非是在不同的温度下面玻璃态、高弹态等物理性状的问题，不难改性。哪些材料适合做什么东西就做什么东西。

另外，我想从可持续发展的角度来讲，我们人类应该抑制一下自己的需求，不要以为人是万物之灵就可以随心所欲，其实人类在自然界也只是一个物种，如果人类的欲望不加以克制，实际上自然界是不可能满足的。

生物能源作为一种可持续发展和未来的能源，刚才有老师说各领风骚几百年，我觉得生物能源的风骚已经领过几千年了。人类从远古时候保留火种开始，就一直用生物能源，现在农村还在烧柴。从大量使用化石能源以后，生物能源才退出了主导地位，但起码它已经用过好几千年了。从人类使用能源历史来看，总是先找最容易用的，然后才越来越难。最容易的是通过燃烧把化学能转化为热能，最早开始用生物能源是烧柴，中国人把柴放在“开门七件事”里面。以后用化石能源也是先是烧煤，因为煤在浅层好开采，然后到深层开采石油。总是先易后难，化石能源快没有了，就想再找点其他能源，包括生物能源。生物能源大家正在做，谁也想不到化石能源短短几年之内涨好几倍，真正从石油剩余的储量看，实际上我们的油气资源也在不断地被发现。我接触一些石油部门的同志，他们的观点普遍都比社会上一般人要乐观，因为目前只是计算我们现在剩余的储量还能用多少年，但没有计算我们还在发现的新储量和采油技术的进步。生物能源在一段时间里面当然可以发展，但我总觉得好像不大可能作为能源的一个主流。从量来讲，现在我们做实验或者示范工程，在一定的小范围里面，好像能解决这些问题，但是规模很有限。刚才大家也说了，用生物质，粮食显然不可取，另外秸秆类生物质还面临一些具体的技术问题。我相信这些技术问题应该能够解决，但是有根本的一条，建立在大规模种植基础上的生物能源，如果真正要整个铺开了，就不是几十万吨或几百万吨，而是几千万吨或者几亿吨的规模，这样的规模超过了我们地球的承载能力。中国假定达到美国现在的发展水平，每年起码要 20 亿吨油，我们可用的生物质资源顶多是 20 亿吨。20 亿吨生物质按现有较好的技术全部转化成燃料，顶多也就 3 亿吨左右，实际上解决不了问题，这是从量来讲。

从生态角度来讲，大面积单一的种植，可能造成的生态危机，有些是我们想不到的。比如说水电，水电刚开始大家觉得不错，发展到很大的时候，像埃及的阿斯旺水电站就造成生态问题，有些问题不是在一个局部能够想得到的。某些技术上的问题，比如刚才讨论生物质降解的问题，我认为现在的世界，组成植物骨架的木质纤维素是经过长期进化的结果，自然界没有什么东西可以轻而易举地把它破坏，这就是进化的结果。一旦我们打破这个平衡以后，人为地创造出一种什么东西轻而易举地把纤维素降解了，有些负面的结果也许我们不大好预想。尽管我们会采取一些防范的措施，但是有些措施我们不一定能事先想得到，比如说微生物之间发生一些转移等，这些东西有时候我们人很难控制。做这些事情以前，还是要做些实验，没有经过实验的事情，有些是想不到的，有实验以后才能说明问题。我还是这个观点，人只是一个物种，当然人类可以，也必须有创造，但是人类不可能突破作为一个物种这一前提，突破自然界。同样作为地球的统治者，人类不能重复以前恐龙灭亡的结果，好在人类比较理性，能够理性地约束自己，包括适当的节能，也包括适当抑制我们群体的繁衍；否则，地球就这么大，每年给地球就这么多太阳能，不可能满足我们无限制的需要。

陈树林：

现在讲反面意见，我就反对江老师讲的，我觉得生物能源必须搞，也是可以搞的。刚才您讲到的，包括今天上午谭教授提到的，我们有那么多的废物，加上那么多的秸秆都利用起来，将纤维素为主的这些材料利用起来，我们能够生产25%～30%的这种替代量。将来的运输可能是两种主要能源，一种能源是电能，这个电能是由核电产生的，近距离运输；另外，补充25%、35%的生物能源燃料，将来可以解决运输问题。上午已经讲到了，我们没有其他的能源能够取代石油作为燃料，所以必须利用生物质来最有效的发挥它在运输当中所能起到的作用，尽量将其他的能源、电能、风能用在其他的能源消耗当中。

李　寅：

我就这个问题发表一点自己的看法，我觉得今天谭老师讲的废弃物的数量是可观的。但是实际上，从2008年的汶川地震，大家看到了，在中国，任何数字乘以13亿都相当大，除以13亿则相当小。以前在宏观上有了很多的概念，包括有七亿吨的秸秆，有多少生物量可以用，但是没有人做出一个数据，证明这些东西确实可以利用，可收集，可以持续。废弃物的量确实存在，秸秆也是存在的，但是收集起来和加工要有巨大的能耗，所以就有一个收集半径的问题，超过这个半径是不经济的。如果收集问题不解决就很难，城市垃圾处理厂和城市废水处理厂都是分块化处理的。从这个角度来看，作为小城镇的一些区域化的沼气系统更现实一点。

陈树林：

沼气完全可以。

林章凛：

您假设一下，是不是车不烧汽油烧太阳能，是可能的。

李　寅：

这就转到另外一个专题了，如果燃料电池发展得好，能够对所有的汽车发动机进行改革，就不需要发展生物燃料了。但目前的情况下是不可行的，它是一种可能的未来。

林章凛：

车的淘汰是十年，是很容易的。

李　寅：

到将来这一步，生物能源就不需要做了，没有必要做生物能源，直接用太阳能去做。

江　宁：

我认为目前的油价上涨，不是资源耗尽的一个结果，是一种商业炒作或者其他原因造成的。其实我觉得至少在未来几十年之内还是可以烧油的；反过来，生物能源一定会有，现在不去考虑粮食了，秸秆如果要能够被大规模工业化，价钱也会马上涨上来。我同意前面的观点，价格的问题超出了科学讨论的范围。

生物质能源是"上天入地"的事情

◎许正宏

我想谈谈自己的观点,虽然我不做生物燃料,今天听了很多专家学者的意见,都是"上天入地"的事情。"上天"大家普遍认为燃料的问题是国家战略需求,或者是战略储备的问题;"入地"是技术细节方面的问题,在国内也去过一些地方,据我了解很多中试装置都是卡在这个地方,主要还是成本的问题。另外,包括国外从纤维素的这个问题来讲,实际上纤维素的降解是反生命进化的一个过程,反生命现象的过程,是非常麻烦的一个事情。无论从微生物的角度讲也好,还是从生命的角度来讲,纤维素作为一种废弃物,应该说绝大多数的生物对它是没有办法高效利用的,我们要做到非常高效的利用,这里面有非常多的技术瓶颈。所以说,今天上午谈到技术的可能性跟可行性的问题,我觉得现在很多技术都是在实验室当中是可能的,但不是可行的,对工业化来讲,连可能都谈不上。

2007 年我参与翻译国外写生物炼制的学说,我觉得像巴西甘蔗产业,是非常值得我们借鉴的。巴西的国情跟我们差不太多,他们的废弃物,并不是简单地变成乙醇,而是把它变成有机肥料,变成其他的一些生物炼制的概念,很好地解决了甘蔗乙醇的经济性的问题。所以,巴西汽车喝上乙醇汽油,这是一方面的概念。大家讨论这么多,引用的例子都是欧洲的或者是美国的做比较。

比如说谭老师讲的生物柴油的问题,生物柴油现在的量慢慢上来了,但是我昨天看到一组数据,从 2004 ~2006 年,它的一个副产物——甘油是原来价格10% 左右,甘油现在又成了一种产量很大的废弃物。我们在这里是不是也要考虑,在做生物能源的过程中一些新的废弃物的处理问题。如果说我们处理不好,一个问题解决了另一个问题又会来了,所以这些潜在的技术也要考虑。

还有，我总是感觉，我们现在做了很多的研究，包括每个学校或者每个单位，大多数都在做小而全的研究，但是并没有建立起真正的大科学的协作体系。如纤维素乙醇，现在大家都做，很多人都做工艺、做大的设备等，效率也不是太高。另外还有一个问题，我到工厂去调研的时候看到，刚才讲到沼气的问题，很多时候光是考虑到把沼气做出来了，但是在真正的高效使用的时候，我们并没有考虑到其设备上的兼容性和可行性，特别是沼气中含油很高，对设备的腐蚀等各方面问题。在国内做生物的科学家往往不太注重机械的或者制造等方面的研究，造成我们把能源做出来了，实际上后面的应用存在着非常多的问题。很多大的酒精厂，做了沼气装置，等到使用的时候才发现并没有高效地把能量循环到工厂当中去。我们做技术的科学家和做工程的科学家要经常进行交流，包括刚刚清华大学的一位教授做的藻类问题研究，我觉得如果他的团队里有搞发酵的，有搞工程的专家，他的技术成果很快会变成现实的东西，他的团队甚至要吸收一些搞传统的天然植化的专家，可以把产品高值化利用，这样它的经济性就能体现出来。如果单纯做成油，我相信这条路子在十年之内不一定走得通。因为石油的价格上涨并不单纯是一个资源的问题，可能还有政治等其他方面的问题，这是我个人的观点。

赵宗保：

我有一个小的回应。我完全同意在生物质能源发展过程中，技术本身产生废弃物的综合利用是需要考虑的。现在提出利用生物柴油生产过程中的副产物甘油，我看到很多人提这个事情，我觉得讲得有点过了。生物柴油生产过程的副产物甘油，只占总量的10%，再加上一些损失，资源总量少。现在生物柴油产业本身还没有发展起来，企业投资甘油利用技术可能没有什么太多的经济价值，但科学研究可以深入开展。

曾安平：

说到甘油，我想补充一点。甘油是很有用的附加产品，像这种所谓的副产物，实际上要把它算到生物柴油经济性的总体评估上，应该还是有一定的效益。如果能够真正生产高附加值产品，综合利用确实很重要。比如我们最近在做一个欧盟研究项目，用甘油生产高附加值产物，还包括刚刚也提到的可用作肥料的副产物，把甘油吃干榨尽。这样算下来，通过从所谓的副产物生产高附加值产品，可以降低生物柴油的成本。

勇 强：

首先我比较赞同陈老师的观点，生物质燃料还是要搞，这是解决燃料替代性的问题，实际上不同时期对生物质利用的目的不一样。像美国刚开始发展燃料乙醇，最初目的是解决农产品深加工的问题，后来又发展到汽油增氧剂，代替有毒的MTBE，再后来发展到温室效应的问题上来，近两年又回到了替代能源的问题。当石油价格涨到每桶126美元的时候，国外有一些评估机构认为，两年之内石油要涨到200美元，石油的价格基本上没办法估计。汪院士是这方面的专家，我国现在花费大量外汇买油，2007年进口原油是1.6亿吨，2007～2008年因为油价上升，使得我国外汇的损失是非常大的，当然现在的储备是比较充足的。作为液体燃料没有汽油的替代品，林教授说的太阳能也是非常好的想法，但用什么来部分替代汽油？我非常同意陈老师的观点。

陈树林：

我再说个观点，我还是要强调不但要发展生物能源，而且要尽快发展。现在美国的一些公司正在非常积极地准备知识产权，现在的乙醇公司生产酒精并不一定是他们的本意，而是通过生产来验证它的一套技术体系。将来的知识产权的问题，有一天如果说我们面临原油是两三百美元一桶的时候，必须马上搞生物能源时，我们就有一个知识产权的问题。第二，郝老师提到，他们集团过去对生物能源已投资50亿元，有一点非常重要，我们不能光看是否能生产出酒精，而是要看在这段时间对知识的积累，这其中有很多对问题的认识，这方面的贡献是远远不可磨灭的，是非常大的。尽管我们没有说马上把酒精生产出来，而且是很经济地生产出来，但是对下一步的发展奠定了很大的基础。如果要想飞跃，没有这段积累的经验，估计飞跃是比较困难。

林章凛：

我对陈老师的观点说一点看法，我们从科研的角度出发，像国内确实有许多生物柴油设备都停掉了，公司有自己的体系，它毕竟要发展，国家可以这么做，但是对公司则比较难。

陈树林：

这就是我们的任务，因为它涉及一个国家社会稳定的问题，你看到那么多大汽车在公路上等着加油会是什么反应？所以这个风险不应该是企业承担，而应该是国家承担。这就是现在所说的，我们讨论的最后结果应该在这上面反映出来。作为一个国家，能源对国家是非常重要的，应该拿出资金来与企业一起承担风险，把这些技术发展开发出来。

宋松泉：

我非常同意你的观点，我们这个时候如果不赶紧去工作，很多东西都被人家注册完了，到时候我们做起来就非常困难。

赵宗保：

我也认为，包括企业界、学术界一些专家可能也认识到这个问题，实际上就是知识产权的问题，是我们面临的比技术层面更严峻的问题。在生物能源这个领域，我们盯的是什么？像国家管理部门和企业盯的是产品。如果没有技术储备，也就没有中国自己的知识产权。将来我们通过技术许可或者通过购买国外的专利，会给国家带来无形的负担。我们的新能源就是能生产出来，也要额外付出更多的费用。

石贵阳：

上个月一位美国老师到我们学校做报告，他讲城市垃圾，实际上是讲纤维素物质等预处理，最后酒精出来。他的报告里面讲，这套系统已经在日本的大阪大规模应用了，而且这个公司通过纤维素酒精和城市垃圾做酒精。如果这是事实，我们现在的讨论就比他们落后很多了，因此这个报告要确认。

多样化选择、多样化希望、多样化目标

◎林章凛

我想用十分钟的时间，按照新的角度先讲几句。我以前是曹老师的学生，本科是学化工，博士阶段是分子生物学，现在也做一些跟生物能源有关的事情。这几年做一些秘书的工作有些体会，第一，这些年从生物能源总体上感觉，我们一直跟着国外做，很少有自己的想法，实际上是很不好的一件事情。因为每个国家的国情不一样，巴西有巴西的国情，美国有美国的国情，欧洲国家有自己的国情，中国有中国的国情，从这个角度来看，是我们需要反思的。

第二，我在秘书工作中，有两件事情感触特别深，2006 年 1 月在上海交大杨老师、欧阳老师、曹老师和国家发改委的同志开会，杨老师提出来要拒绝用粮食来做生物能源。这在当时还是要有点勇气的，因为国内生物乙醇的话题炒得很热。2006 年年底，我国颁布了可能是全世界第一个禁止用粮食做生物能源的文件，我觉得这是中国独创性的贡献。杨老师很早看到这个问题。第二件事情，2007 年，发改委做了一个生物能源的规划，当时我们就提出来，要面向生物能源种植业，符合中国国情，这点是蛮好的。所以，一方面我觉得很自豪，另一方面也觉得很遗憾，我们可以自己独立思考，不要天天跟着国外跑。为什么我们好多时候达不到有自己的想法，按照胡锦涛总书记讲的，就是科学发展观。我感觉有几个问题我们是存在的，一是我们没有多样化的声音，从这个角度来讲，今天高福老师等三位领衔科学家组织沙龙是一个比较好的开端。郝老师刚才提到生物能源的环保，以前很少听到，巴西现在也面临这个问题。应该有多样化的声音，才能够更科学一些。从这个角度来讲，不仅是全生命周期的评估，还有全局的评估，包括社会、环保、和谐社会的需求，我们需要更多的多样化的声音。

第三,有多样化的选择。刚才对生物柴油谈得比较多,你有什么办法让经济性更好?对于不同品类的燃料,最近欧老师也提到低品位能源怎么做,不一定能做成,但是可以独立思考。实际上,我们很清楚,人类对化学过程的认识,比对生物过程的认识深了很多。这是我的观点,是否有多样化的选择。

第四,要有多样化的期望,有多样化的目标。从时间上来说,我们有中期的、长期的,还有短期的目标。我们国家在支持上有一些模糊,“973”计划强调产业或技术,“863”计划也强调产业或技术,没有讲哪些是长期的,哪些是中期的,在这方面还是比较薄弱的。

最后一点,多样化还表现在允许无意的收获。关于多样化的期望值和目标,其实美国 IBM 和 BT 两大现代化的企业都是无形中形成的。比如,BT 是 20 世纪 70 年代时,美国总统尼克松为了攻克癌症,开始投入资金做生命科学,做了很多研究,癌症没有攻克,但是生物技术产业反而发展起来了。我们说生物能源,如果以后生物能源本身做不了,但是推动了知识进步。正如刚才陈老师说的知识积累,除生物能源外,我们还搞了别的,这也很好。

李　寅:

我觉得林老师说的多样化的问题确实存在,我们刚才说的是加工的问题,听听吴老师讲能源植物原料的多样性,光用秸秆也不见得现实,还要从植物学、从农业方面做一些考虑。

柴油能源植物研究和产业化存在的问题与对策

◎吴国江

从2004年回国开始我就一直在做这个项目,不管怎么做,原材料成本肯定是下降的。我极力反对将废弃物、边角料作为原材料的主流,因为收集的成本很大,包括秸秆也有同样的问题。集约化农业的概念,有很多问题要做,要技术的积累。中国不能用粮食做生物能源,前面林老师也说过了,我认为粮食肯定不能做生物能源。因为我们是植物园,所以我们要搞野生半野生的植物品种。但是能源植物的开发,就有一个品种选择的问题,棕榈种不了,油桐长得慢,另外加工等环节上也有问题。

能源植物标准是什么?定义很多。土地资源问题:到底有多少资源,现有荒地多少,能用作能源的植物油有多少亩?我们讲能源植物,能种的能源植物有哪些?没有一个评估。另外,还有交通问题、机械化的利用等,比如麻风树要收割,靠人剪,在山上种,怎么把它拉下来,这牵扯到成本问题。单一种植生态风险问题以及病虫害问题,这实际上都是生态上的问题。

我们在做的过程中,和企业也做了一些合作,不是很大规模地做。例如,麻风树有没有毒,有没有虫和病,原因是什么?例如在苗期,种了以后,我们考虑有真菌,没去做试验,苗就开始腐烂,腐烂后就开始传染,一片苗都死了。

麻风树种子在梅雨期还没落下来,就萌发了,萌发后还有没有油?这是很大的问题,是我们专门搞种子研究要解决的问题。这是2007年的冷害,是干湿原因,我在广州布的点,一直到湖北边境上,我在湖北种了三年,长了三年的树全部死光了,一棵没活。有一种蚂蚁专吃它的苗,我种了100亩树苗最后全让蚂蚁咬掉了,这是外来的蚂蚁,在广州泛滥很厉害。所以,产业化还存在很多的问题。

对于收集与种质保存,我们想申请科技部的项目,希望在东南西北中,不同区域建立一个种子库,分不同的地域和区域,建立一个数据平台。现在准备在做这个事情,实际上已经开始小规模在做。第一,资源评价与新种质创制。没有品种,要做杂交,基因工程、细胞工程都在做,但是周期很长。这需要建数据库,若没有数据库,改良和操作肯定是有问题。第二,物质调控。我以前做过光合、油脂的研究,从纤维素合成、蛋白、脂肪、糖、油,是不是可行的?我们可以根据这个设计一些研究方案。第三,抗逆性。病虫害、旱盐温度、杂草,将来要系列去做,我们以前觉得没有虫,也可能是有虫的。第四,规模化种植技术。第五,生态效应问题。水污染非常严重,我们在广东的佛港种植麻风树,水利局说我们污染水源,到底有没有污染?我跟他们解释,与种植木薯的情况差不多,没有什么太大的问题。

我们收集了西南华南地区植物品种,在自己苗圃上筛选出来的,这种花的种子有30多个,平常的只有10个左右,光是从种子数量上判断,一个花序的种子大概是平常的3倍。看到这个图片我已经激动的不得了(图略),像葡萄一样,我们对麻风树的选育也就是三五年的时间,如果从农作物的育种年限来考虑,还是有可能性,看到这张图后我觉得还是要做下去,还是很有希望的。

吴国江:

这里不成熟的一些问题,不是新学说新观点,我碰到很多这样的问题,这次参加沙龙植物方面的专家少一些。

宋松泉:

我提一个问题,麻风树油是储藏在种子里面,如果在种子收获前,就发芽了,这个问题就非常严重。我们在做甜高粱时也遇到一个问题,它的收获季节比较短,北京地区5月底6月上、中旬播种,在9月底到11月收获,收获季节很短,怎么贮藏和加工?

吴国江:

一年中酒精厂只生产两个星期,11 个半月都闲着。

宋松泉:

所以要解决这些问题,就要做一些基础研究。现在我们的企业,包括一些职能部门都不愿意拿出钱来做基础研究,如果这些问题搞不清楚,大规模做产业化项目是不行的。

宋松泉:

建议政府大力支持基础研究,先把一些基础的东西搞清楚。刚才吴老师讲麻风树一般在长江以南才能种。我在西双版纳呆了四年,做了一些麻风树的工作,如果温度和光照不够,它根本就不会开花结果;麻风树在西双版纳两个季节结的果比较多,一个是 7 月份,另一个是 11 月份。7 月份在版纳的湿度是比较大的,如果种子(油就在种子里)长芽了,或者种子没有及时加工,油会酸败,油脂就会消耗掉;甜高粱如果不解决保鲜和仓储的问题,要做产业化是非常非常困难的,如果大规模上马就会坑农。所以我建议,行政主管部门或者是职能部门以及比较有眼光的产业部门,确确实实要投入一些资金把这些基础的问题先解决好。把基础的问题解决以后,然后申请专利,再去做产业化,这样一步一步地把生物质能产业往前推进。

到目前为止,做生物柴油的一种比较好的植物就是麻风树,刚才吴国江教授也讲了,因为麻风树油的质量比较好,抗逆性较强,它的瓶颈问题是目前产量较低。做燃料乙醇的一种比较好的植物是甜高粱,甜高粱生物量大,抗逆性较强,在“三北地区”及比较多的土地去种,便于开展机械化。但作为能源植物,它们都还存在比较多的问题,所以我建议今后能够组织一点专题研究,讨论清楚这些问题以后,一个一个问题去解决,一步一步往前走。

曾安平：

我想介绍德国最近一个有关生物能源的科研招标项目，是德国联邦科研教育部刚刚公开的，它的英文标题是*Bioenergy* 2021（面向2021年的生物能源技术）。从标题就可以看出，它不是面向明天、后天或仅仅是五年以后，而是15年以后的关键问题。它有三大部分内容：第一部分是Biorefinery of the future（未来的生物炼制技术），科研费用在一千万欧元左右，作为德国这样小国家的联邦科研部拿出这些钱并不算少了，这说明他们有前瞻性，长期对基础研究投入；第二部分是能源植物的系统生物学，这里面有很多的问题还不清楚，但这方面的工作已经要求做到代谢这一块，并指出系统生物学不只局限于植物的代谢，而是怎么将整个组学用到能源植物的研究上，并根据不同的能源植物来开展工作；第三部分是新概念，不设限，谁有新的东西都可以去申请，不只是针对未来五年、十年的问题，而是可以超越2021年，为下一代的生物能源技术提供解决方案。现在的生物柴油和生物酒精技术确实有问题，不是做不做的问题，是怎么做的问题。实际上，生物柴油解决不了德国真正的能源问题，像这种科研项目瞄准的是未来肯定有用的领域，将来要做事情。他们制定发展战略的时候，确实要有比较长期的战略性眼光。

高　福：

德国的这个设想对我国科技部也是一个启发。想问吴老师一个问题，我也在思考麻风树这个问题。像麻风树这样的树，将来您预测，会不会在大面积的种植以后出现很大的灾难，就像把野兔引到澳大利亚造成很大的灾难一样。您曾经研究这个领域，将来大面积种植麻风树这类能源植物，会不会带来新的生态灾难？最后，就所谓大的生态健康问题，专门办了一个杂志（*EcoHealth*），讨论气候变化、人畜共患病、人类活动对经济的影响、人类的幸福指数，这也是国内外都在讨论的。今天我们要解决的是生物能源还是可持续发展？最后谁发展？以人为本，人类发展，如果人类没有发展谁还有发展？我想问您，以麻风树为代表的能源植物如果介入以后，对大的生态就会有什么影响？

吴国江:

没有影响是不可能的,肯定有影响的。但是它是木本,种子也飞不到哪里去,不像动物会跑,肯定会对一些小的物种有影响。广东荒山上灌木很多,对这种地方没有太大的影响,种粮食水稻有没有生态问题?有的,怎么样去解决才是重要的。再一个它是外来物种,到底有多少影响,还不清楚。

张晓昱:

问吴老师一个问题,湖北省2007年种了一种叫乌桕的植物,你没有提到乌桕和麻风树有什么差异,据说乌桕可以种到田埂上,对地有什么影响?

吴国江:

乌桕种田埂上没有什么问题,乌桕最好长的地方是云南,湖北种植到底怎么样?乌桕的分布面积太窄了。

邢雪荣:

以前听说过,在您的报告也提到,有1%的人及禽体对麻风树过敏,这个存在吗?

吴国江:

过敏的人有,到底是不是1%我不清楚,身上起红点,过一段时间就消失了,不碰它没事。

高 福:

目前国内已开始做了,发达国家也面临这个问题,将来面临最大的问题就是过敏反应。像刚才邢老师讲的,最后麻风树引发了新的健康问题,将来会不会像花粉过敏一样出现人类过度的反应。我们是不是先解决过敏问题,回来再去解决可持续发展对生态的影响。

吴国江：

很多人提过这个问题，我认为没有问题。这种树本来是做篱笆的，在山区没有垒院墙，把树种上，树长得很快，实际上是人带着它移动。先到云南然后到海南，它是随着人走的“院墙”。

江　宁：

反过来说，除了油以外，还有没有其他可以利用的东西，我们从好的方面来讲，能不能找到一些药材。

吴国江：

对麻风树研究最透彻的是把它做药，三年前查找关于麻风树的文章，全是把它做药。它的毒蛋白抗癌作用非常好。

高　福：

今天的讨论非常热烈，达到了学术沙龙的目的。上午从宏观开始一直讨论好多比较微观的、比较细的东西，尤其清华大学的吴教授，讲得已经很细了，细节的问题我们也有涉足，从可能性和可行性讨论以后，细节就有了。希望明天上午继续发挥咱们已经建立起的优良传统，继续讨论。

会议时间

2008 年 6 月 7 日上午

会议地点

北京金隅凤山温泉度假村

主持人

曹竹安

国际上生物能源面向未来的计划

◎邢雪荣

2008年5月4~7日，在美国新奥尔良召开了第30届燃料和化学生物技术大会。这次大会主要是美国能源部组织召开的，橡树岭国家实验室主办。会主要围绕能源植物、微生物技术，以及预处理技术，新生物能源和生物基化学品，包括酶科学与技术，生物燃料产业生物质供给和产业链，生物过程相关分离技术，生物能源环境的可行性和可持续性，生物精炼技术的发展与示范等主题介绍了当前燃料和化学生物技术领域的最新研究进展和研究方向。来自20多个国家的科学家做了78个精彩的大会报告和约340个展板展示，特别地介绍了美国能源部新成立三个生物能源研究中心的情况。可以说这次大会是能源生物技术领域的一次世界性的盛会，基本上展示了该领域目前的研究前沿和发展方向。

首先是由国家橡树岭实验室的做了一个大会开幕的报告，他介绍了刚才展示那张图各个主题之间的关系。对能源植物领域，目前专门用于能源生产的植物研究还处于起步阶段，主要研究集中在确定和开发用于能源生产，特别是木质纤维素生物质特殊植物种类，相关实验室把研究的成果做了介绍。

下面是几个分会的主题，包括微生物技术、生物燃料的预处理技术，这些都有专家分别做了各自的报告，还有新生物能源和生物基化学品，我想给大家最后介绍的是美国生物能源中心根据生物能源的可持续性的一些情况。大会专门召开了国际生物能源研究中心，面向未来的计划，有好多华人学者包括陈树林老师当时都参加了这个会。他讲国际上生物能源面向未来的计划特殊的主题分会，美国能源部生物燃料和生物质计划主要官员各个生物能源研究中心的牵头人或者首席科学家把各自中心的情况做了一个介绍，美国新成立的三个能源研究中心，一个是能源部的生物能源科学研究中心，一个是能源部的生物能源研究中心，一个是能源部联合生物能源研究所，包括了18个一流的高校，七个国家实验室，以及若干非盈利的研究机构，一些少量的私营企业共同组成，三个研究中心的位置、分布与生物质资源的分布直接相关，他们将根据自己所处地区的地貌特征、地域特征，利用不同的植物进行实验室研究，来扩充生物燃料的选择范围。我们徐健研究员在会上和主席做了交流，中国科学院在青岛建立生物能源与过程研究所为例子，阐述了世界其他国家针对各自能源需求和实际情况，围绕生物能源的开发和应用，专门成立研究机构的一些考虑，接下来美国能源部的三个生物能源研究中心的主任分别作了大会报告，介绍了各自的使命、定位、现状和研究计划，参加了各自科研大团队的研究计划、研究重点、管理机制和预期成果等方面的特色，他们的计划大体上围绕改进生物质燃料和提高生物质转化效率为主题，重点和优势上各有不同，其中能源部生物能源科学研究中心由美国国家橡树岭实验室牵头，组织一些团队组成，团员主要强调关键技术，新技术的开发，比如说在能源植物筛选上他们正在开发运用针对多糖的抗体来监测分子形成的过程，在能源微生物的挖掘上，他们正在开发一种结合高分辨率荧光成像技术，流式细胞技术和更高度细胞感应器技术的手段来筛选分解纤维素的嗜热细菌，这些技术都强调高通量的特点，这与该大团队具有很强的工业界背景有一定的关系。他的主要研究方向有侧重点，提高生物质植物的特性，改进生物质过程，提高生物质的生物转化和化学转化过程的效率，增加生物燃料生产的经济和环境可持续，他主要的研究对象是从玉米秸秆、柳枝稷及和白杨，他们通过大学实验和数字模拟手段相结合，考察生物质能源对生态系统的影响，这方面的研究在世界上也是领先的，在科研管理上，这个中心提出了新的想法，他将从经费中每年拿出200万美元，采取公开评议的方式，研究中心将在未来的五年当中，从能源部得到1.25亿美元的经费。

能源部联合生物能源研究所，隶属于劳伦斯伯克立国家实验室，包括大学和国家实验室，它的研究主要包括生物能源原料的生产、生物质降解和燃料的合成（三年总共是1250万美元）和生物质快速高温分解和石油的稳定性。该机构经费主要来自一些能源公司，主要是由学校与公司共同管理。2008年5月开始，首批49个研究项目，这些项目主要包括纤维素生物生产四个领域，包括原料的开发降解、生物燃料生产、纤维素生物燃料的社会经济影响，下一步还将资助化学燃料的生物过程相关研究，以上是美国政府工业界投入巨资建立了四大生物能源研究中心的共性，研究的目的非常明确，他们的研究计划大体上围绕着改进生物质原料和提高生物质转换效率的两大主题中的关键基础研究和技术的问题，几乎不涉及中下游放大和工艺过程，这是他们的一个特点。

趁着这个机会我说一下，我们科学院在生物能源这方面研究，首先布置了纤维素乙醇的高温发酵和生物炼制项目，同时正在考虑，也是根据目前国际上的一些最新动态，我们考虑能源植物的筛选改良。这个项目我们主要集中在上游，从机理方面重新入手，真正筛选出或者一种将来产生大量能量的能源植物，这样一个目的来做，这个项目目前我们马上提交院里的秘书长办公会，如果一旦认可的话，我们可能在接下来的两到三个月，正式启动这么一个项目，这个项目实施的额度在科学院，在我们先进工业生物技术基地来讲，也是比较大的，可能要将近2000万。主要还是想通过这个项目的实施，能够解决一些关键技术，同时能够把能源作为代替物代起来。

陈树林：

我想补充两点，一点就是刚才邢老师讲的三个中心，是美国能源部的基础科学局资助的，它的主要是基础研究，这是它的一个特点。另外，美国能源部最近发布了一个新的指南，计划资助20～40个研究中心，每一个中心每年可以申请到500万美元，时间是5年。如果这样，五年就是2500万美元，这应该说是一个非常大的计划。但是在计划当中，生物质只是其中之一，其他方面有各种再生能源，如风能、太阳能等，都在这次的指南范围之内，这是一个最新的计划，这个计划的申请10月份到期。这项计划执行后的局面是三个主要的中心，再加上众多的这些小的前沿性研究中心，就形成一个以生物质燃料，应该说是燃料乙醇为主的这三个中心，再加上众多的其他的这些小的中心，多方位地进行能源的多方位的基础研究格局。

曹竹安：

有没有核能？

陈树林：

我不太清楚核能有没有包括在里面，2008年3月份在华盛顿召开的国际性的再生能源会议上，美国总统布什明确提出要发展核能，核能发展得到很大的支持。

汪燮卿：

我在宏观方面做了一些工作，在微观方面也做了一些具体的工作，我讲一讲我现在工作中碰到的困惑。昨天下午有位老师讲到湖北的乌桕，为什么我对乌桕油本身很有感情，因为我们小时候点的蜡烛就是用乌桕油做的。我对乌桕油很感兴趣，所以到湖北大乌做乌桕油实验，乌桕油很好，最主要的是我们不是用生物加油而是化学加油，加氢，得到的是高附加产值的柴油。我们已经做出来500毫升柴油，花了半年的时间。昨天有记者讲，《健康报》上说发展生物质燃料对生态有影响，对人类健康有影响，我不认为是这样，我不是研究这方面的，不能说得很深。乌桕以前没人种，现在我们是恢复生态，而不是破坏生态，在这里我呼吁能源协会，在生物工程研究上，能不能在有些地方多投入，有些项目数量不大，但是意义很大，这是我讲第一个。

第二，因为乌桕油实际上有两个类型，一个是皮油，第二个是梓油。我们生物质能源化工应该和生物质精细化工结合起来，这样才有高的附加产业，形成一个完整的整体。如果把它的综合利用搞好，皮油和梓油的综合利用效果一定很好，投资也不是太大。所以，我觉得很多东西都有一个起步阶段还不成熟，需要大家思考，也需要政策来支持。我认为做这类事情，需要有异想天开的精神，要有一定的科技经验和基础。

曹竹安：

2006 年在国家发改委的生物质示范项目中，与您那个有一点接近，这个接近要是搞好了，按当年来说，300 万～500 万元的资金支持应该是没大问题的。我不太懂这个作物，从工业来看，现在乌桕油多少钱一吨？

汪燮卿：

4000～6000 元。

曹竹安：

偏高了，要在 4000 元上下。我的体会是，油的成本是个问题，但是您讲的综合利用是个好事，对于综合利用我们应该支持。这是一个综合性的问题，您是专家，乌桕从单产来看，提高的余地有多大，汪先生说的非常现实。另外，我非常赞成，我们可以多种实验，对乌桕来说，您说皮油，皮油榨了以后是不是皮没有了。

吴国江：

乌桕皮很厚，不是树皮，应该是果实，种子里没什么油，因为我做了麻风树的实验，别的没做。乌桕产量多少，实用范围有多大？还没有提一个很详细的具体资料。

陈树林：

坐在这儿都是专家，光靠我们绝对解决不了这个问题。我对中国的情况不是完全了解，在政策方面，像在美国就用立法的方式，要求你买。比如说华盛顿州，要求在2008年底，在柴油里面有2%是生物柴油，大公司必须把生物柴油做出来，这是国家已经创造出这个市场了，油价再高他也得买，否则就不能在华盛顿州卖油。这也是一个非常有效的方法来促进这方面的发展。

吴国江：

我去过很多地方谈种植，问题在哪里，在稍微富裕一点的地区农民不干这个事，费用很高。在广东有很多山撂荒了，因为农民到深圳等地打工的收入比这个高，在广东包括林业植树都是从湖南、湖北、四川那边找人去干，广东人不去干这个。

曹竹安：

现在发展什么样的可再生能源或者怎么用，最后还是要有经济效益。比如说做秸秆，秸秆若直接发电，现在测算下来，大概一千克秸秆发一度电是没有问题的，多的有1.5度以上，一吨秸秆运到厂门口是350元，0.35元每千克，加上设备费比很便宜，入网还有补贴。所以有的时候，我们面临多种选择，有些信息可能也有水分，所以我们不能把话说得太满，希望大家都来支持。

张晓昱：

我有一个想法，涉及大家共识的一些新的方面，再往下走该怎么做。根据以前的项目我有一个感觉，其实我们并没有非常有机地根据项目的特点去整合国家一些大的项目。所以我觉得，今天在这里，大家都是做能源的，刚才邢老师讲的那个会，我很遗憾没有去成，像美国有高校、公司、研究所等各个方面的精英力量共同攻关，这个模式我们国家能不能借鉴？如纤维质能源只能是发电，或者制生物柴油，有它存在的合理性，就能往前发展，但是技术是一个瓶颈。根据我们凝练的一些新思想，能不能把我们国家基础的或者应用基础不断地往前推进。

李　寅：

邢继俊老师和刘斌老师从事相关的管理工作，从另外一个角度对我们生物能源可持续发展也会有不同的想法，是不是可以从个人的观点表述一下自己的一些想法。

中国生物能源发展要有一条自己的路径

◎刘　斌

昨天听了一天各位专家的发言,收获确实很大。虽然我在这个领域从事科研管理工作很多年,但是真正坐下来听这么多方面、多角度的观点还是比较少。从工作的角度讲,在科学院"10+1"的基地建设中,我们这个基地主要的一个发展方向就是生物能源包括生物质产品,包括所谓生物质化工、绿色加工工艺过程这样一些内容。科学院的基地建设的主要指导思想原来是以研究所、学科或者单向技术领域为主的发展基础上,在科学院的管理层面上增加一个维度,从国家需求的角度,增加一个维度,比如说人口健康、农业、能源、材料等,选了"10+1"个领域来安排和部署,实现一个所谓矩阵式的、网格式的管理结构,从宏观上,有意识地把研究所的这些研究项目集成到国家发展目标上去。2008年在做"2+3"的评估,刚搞完两年,初步见到一些效果,但是真正要实现院党组的一些目标还有很长的距离。

我们在做这个基地管理过程中,感觉到存在一些问题,或者引发的一些思考。我们的基地比较新,工业生物技术的提法也没有几年,在中长期发展规划,科学院倡导在国家层面上要有意识发展这个领域,带有一定的战略性和前瞻性,可能是瞄准中长期的一个发展。我们在实践的管理过程中,基地一方面可能需要与研究所有密切的结合和配合,另一方面是跟其他的基地有密切的关系。比如说生物能源,当时在设计时某些项目的管理和基地管理时,特别考虑了与几个基地的关系,比如有农业基地,实际上跟农业是密切相关的。还有,在"10+1"基地里还有一个能源基地,能源基地从可再生能源角度发展抓生物质能源的工作,我们可能从上游下游关系与这两个基地有一个密切的衔接和配合。在这个过程中,我感觉一些想法和理念在操作上还有一定的困难,所以从我个人的角度，说一些不成熟的想法。我认为，中国生物能源发展要有一个自己的路径，这与中国现在发展阶段有很大的关系，和整个社会经济这种结构的变化有很大关系。实际上，在我国很多农业经济时代的工作转型还没有结束，在整个中国社会结构里面是并行的，而且在相当长一段时间里是并行的。我觉得从中国发展生物能源的角度，一个是要尊重规律，一个可能是可以利用这样一个现实条件，怎么更好地把农业和工业，包括能源生产这样一个体系有机地结合起来，摸索出一条中国现时期发展的路径。从国家宏观政策上很重要，对将来指导我们技术研究开发也很重要。这个模式如果不确定下来，大家自己分头去搞，最后在国家层面上还是有问题，如果没有一个统一的规划，从管理角度上讲，将来可能存在比较大的问题。

从技术发展的路径上，因为我不是具体做科研一线的科研人员，可能没有更多的发言权，但是从一些侧面或者是其他一些方面现象做一些思考和判断。比如说昨天邱老师在谈到的，我觉得实际上可以很好地利用我国在农业生物技术的发展当中的一些基础和优势，从做生物领域角度来讲，我国的植物生物学、植物分子生物学、植物生物技术在最近十几年发展是迅猛的，国家的投入也是巨大的，而且在某些领域，在国际上也占有一席之地。这与我国不断地吸引人才回国，建立大量的团队有很大的关系。但是从产业发展的跟进方面，转基因的审批和行业准入制度制约着产业化的出口，我觉得巨大的研发潜力在这里，没有办法把技术转化成现实的生产力。所以，从生物能源发展角度出发，如果能够很好地跟农业生物技术的领域有比较好的衔接，再加上如果国家有一个宏观规划和协调，中国很有希望走出自己特色的道路，这是我个人的一个想法。

今天主要是围绕能源来谈，更多关心的是生物能源和可再生能源将来的地位，甚至生物能源在整个能源结构里的地位。我想从另外一个角度，从生物能源的角度来讲对将来生物产业的发展，换一个思路，真正从能源结构的角度来看，它的影响力目前或者是很长一段时间可能是比较小的；但是从生物产业的角度，我觉得确实发展生物能源为整个国家现在倡导的生物产业是有带动和引导作用，它可以带动一系列的生物质化工以及将来一系列的产业，真正把生物技术渗透到国民经济的各个行业里面去。原来我们一谈生物技术、生物产业，更多地讲农业，实际上把人们的思路限定在一个既定的模式里面，真正通过生物能源的引导，特别是将来一系列的生物质化工这样的一个过程。所谓两个替代，生物质原料的替代和生物质化工替代能够实现，在整个生物产业里面要有一个根本性的改变，对整个生物产业的认识会有一个根本性的改变，这是我的第二个想法。

第三个想法更不成熟，是个人的昨天临时的想法。大家更多讨论的是生物能源，我想从生物学的角度思考，能不能有一个能源生物学的概念，或者说能源生物技术的概念。能源生物学，我的理解可能是针对现在的这些生物，实际上生物性是利用生物物种本身，在这些生物本身的能源经济性状上去做一些研究，这里面更多的是基础的研究。比如植物的光合作用，大家提了很多年，许多机理都清楚，但真正如何利用植物的光合作用还没有得到解决；还有植物细胞壁的形成，是大家很关心的问题，现在生物质的最大来源还是细胞壁，植物细胞壁的形成与将来生物质的利用是什么样的关系，是基础性的问题。像前面的专家谈到美国和欧洲一些国家很关注做生物能源，实际上是关注从国家的角度投入资金做基础，特别是基础的生物学研究。美国的一个实验室就叫能源生物学实验室，虽然名义上叫生物能源中心，其实就是能源生物学实验室。所以，我们应该将化工技术、能源技术和生物技术有机结合，从生物科学和生物技术自身的发展规律上找到突破口，瞄准一些长远的目标。科学院要有前瞻性的目标做一些研究，是必要和需要的，这是我个人的一些观点。

李　寅：

我有这么几个看法：第一，从定义的角度看，生物能源整个的量，在整个能源结构中，目前是非常低的比例。但它的重要之处在于，在汽车的发动机还没有革命性的更新换代之前，生物能源的补充是非常重要的。从这个角度来看，我认为生物燃料是一个更为合适的表述。至少在目前，生物燃料是必须发展的一个方向。但是在自己的工作中，做发酵或者做工业生物技术的研究，即使以生物燃料为目标产品，关键还是要建立一个自己的技术体系。这个技术体系建成之后，可以生产出燃料，也可以生产出化学品。通过生物能源或者生物燃料这样一个目标产品去驱动，驱动工业生物技术从不成熟走向成熟。原来我们谈工业生物技术，主要是讲精细化学品，像生物燃料是特别大宗的、价格比较低、利润空间非常有限的产品。要发展这一类的产品，对工业生物技术中技术的发展提出了更高的要求。实际上，我们目前的技术能力还没有达到非常大规模生产的程度。根据目前对可再生能源的国家需求或者对于生物燃料这样一种或几种产品的需求，要大力发展一个先进的工业生物技术体系。在成熟之后，不仅可以提供生物燃料这种产品，还可以更经济地提供大宗化学产品，这些产品和我们的生活可能有更密切的关系。

第二，目前在我国，政府部门、产业界、科研界及普通老百姓之间在生物能源这个主题上的沟通可能还是不够的，声音也比较单一，报刊大多数以转载为主，缺乏自己单独的分析。某一个观点出来之后，大家都这么说；突然换一个观点，也人云亦云，缺乏自己独立的看法，或者通过自己研究，得到有新意的独立观点。我们希望多元化，不仅指能源种类的多元化，能源技术的多元化，也应当包括媒体观点多元化的问题。只有多元化之后，才能催生一些新的想法。

第三，事情的发展应该辩证地看。如果人类站在宇宙空间去看这个问题，今天我们的讨论，在整个历史长河中间，或者说在整个宇宙中间是很微不足道的事情。从宇宙的角度来看，地球的二氧化碳增多或者减少是非常缓慢的。在石油工业发展之前，石油刚出来时，人们并不知道该怎么用，到后来觉得很好用，进而发展到大规模的使用，并没有仔细去考虑和讨论一百年之后石油不够用的问题。生物能源可以作为石油资源的替代品（至少作为部分的替代品）去看待，现在大家只能把它作为双刃剑去考虑。在这个问题上，我自己的观点是“谨慎乐观”，前景美好，但是道路很艰难。

邢继俊：

现在我们讨论的是能源问题，比如说刚才李老师说了，我们站在宇宙上看这个地球，其实是很有意思的一件事。对于我们，几十年、几百年是一个周期，但是对于宇宙来讲，就是很短暂的一个过程。

回到我们沙龙的主题，我就觉得刚才大家谈了很多问题，但现在不管是社会发展的需求还是整个世界的需求，有一点是很重要的，任何研究如果不能形成一个新的经济增长点，就不能带动经济发展。

赵宗保：

我是做油脂发酵研究的，做油脂发酵需要碳水化合物资源，需要柳枝及菊芋这样的原料。我们最近做了这么一件事情，木质纤维素的水解用离子液体作为溶剂，这个不需要处理，直接加入像秸秆这些东西，在实验条件常压100℃的情况下，几十分钟的时间，就已经全部转化为糖了，木素和纤维素全部溶解在里面。

还有刚才讲菊芋，昨天我们讲原料的问题时，油料作物体量比较多，能源作物里面，大连的化物所把菊芋作为原料，其原则就是能源植物选择原则。我国像荒漠盐碱化土地的体量比较大，在这些土地上面能不能种一些耐盐碱、耐干旱的植物。在这方面做了很多工作，找了很多的品种，在“863”计划的支持下，南京农业大学教授持续做了一二十年的工作，推广菊芋的种植发展。下面我们看到的菊芋有关材料，很多数据都是来自于公开发表的一些期刊杂志上面的文章。我们比较了菊芋、木薯、甘薯、甜高粱，这几种都是可以看成将来的能源，是非粮能源作物的资源。

加快纤维素燃料乙醇的研究,促进循环经济的发展

◎勇　强

今天是新观点新学说学术沙龙,我今天表达的观点,应该说不是我的新观点,而是代表大部分人的观点。现在对燃料乙醇的研究,有各种不同的观点和看法,我是代表赞同的观点阐述个人的看法,题目本来我想写"加快纤维素燃料乙醇产业化步伐,保障我国能源安全",这个题目太大了,是讲从现在我国研究的层次、研究的进展,以及燃料乙醇在我国能源结构中的比例,我改成"加快纤维素燃料乙醇的研究,促进循环经济的发展"更合适些。

目前,我们处于能源短缺和高油价的时代,昨天很多人都说了,在十年间,油价从每桶20美元左右或者30美元左右一下涨到126美元左右。也有人说,预计今明两年会涨到200美元,形势是非常严峻的。我国石油供应形势是非常严峻的,我国目前是第二大石油消费国,是进口增量第一的国家。石油形势已经威胁到我国的能源安全和国家安全,也左右着我国的外交政策。近年来中国石油的进口量呈加速度的发展,我把2003~2007年的一些数据拿出来进行研究,2007年的数据总原油加成品油进口逼近2亿吨,对外依存度和2006年持平,也是47%左右,2008年应该是在50%左右。我们再看看一些数据,1993年我们是石油净进口国,2004年石油进口超1亿吨,2007年石油进口逼近2亿吨时,国内一些专家发出预警,2010年我们石油进口要超过2亿吨。但我们提前三年就达到了,目前中国石油消费量增幅6%,原油产量增幅低于2%,不足部分需进口石油来补充。我国这几年原油进口增长率,是12%~15%,2006年是14.2%,2007年是12.4%的进口增长率。据预测,2010年,我国石油进口可能

为2.5亿吨，对外依存度在60%左右，这是非常保守的估计。2020年，我国石油消费大概4亿～6亿吨，缺口2.5亿～4.3亿吨。IEA组织对我国石油需求的预测表明，2030年中国石油对外依存度将达到80%，这是非常高了。

再看看我国2007年石油进口主要的五个国家，沙特2600万吨左右，安哥拉2500万吨左右，伊朗2000万吨左右，俄罗斯是1500万吨左右，阿曼是1000万吨左右。这其中，45%来自于政治不稳定的中东，35%来自于非洲，亚太地区是比较安全的进口的区域，但只有3.5%，所以我国石油进口存在着风险，安全系数不高。为什么呢？第一，伊朗现在是非常热点的国家，还有苏丹、尼日利亚，这些是我们国家石油进口量比较稳定的国家，但存在不稳定的政治因素，对我们能源的供应就带来了变数。第二，我们国家主要从海湾地区和非洲一些国家进口石油，石油运输需经过马六甲海峡这条脆弱而危险的石油供应线。我们前几年在酝酿开人工河，一直没有实现，因此我国石油进口安全性形势非常严峻。

针对这种情况，我们如何应对？首先要做的是节能减排，对目前来说这是最有效的办法，这也是中央政府的部署。我国GDP能源消耗是非常大的，因此首先要做好节能减排。做好节能减排的同时，是进一步拓宽石油进口渠道，保障石油安全性，实际上我们国家也在拓宽从俄罗斯和亚太地区进口渠道。同时，积极发展清洁替代能源，实行能源多元化战略。形成化石能源、核能、太阳能、水能、风能、地热能、潮汐能、生物质能并举多元化能源格局，降低我国能源供应对化石能源的依赖度。从长远发展来看，要发展氢能和核能，核能是核聚变核能，核聚变能应该来说是新能源里面非常好的能源，但是它要成为现实，还有一个漫长的过程。所以说我们还是要发展其他一些能源，在未来形成一个能源多元化的格局。

在能源多元化格局中，可再生能源是一个重要的组成部分，可再生能源里面重要的组成部分是生物质能，生物乙醇也是生物质能的一个重要组成部分。为什么呢？我谈一下必要性。第一，缓解石油短缺，作为汽车燃料的替代品。发展生物乙醇，昨天李老师、陈老师也表达过，作为汽车燃料的替代品，汽油不用乙醇来替代,用什么来替代? 这是我们解决不了的问题。从能源转变的角度看,生物乙醇是负增长,加工过程附加值也不高,但是它能够把固体的能量转变成流动的燃料,而且它可以与汽油混配使用。从而缓解汽车燃料对石油的依赖程度,所以我觉得生物乙醇在我国现在是一个战略资源,不能单单从能量的转变或者加工的经济性来看,从加工的过程来看,显然这是不十分经济的,纤维素可以做很多高附加值的产品。

第二,减少温室气体的排放,符合可持续发展的要求。从全球碳循环角度看,生物乙醇生产和燃烧过程中释放的 CO_2 与植物光合作用吸收的 CO_2 相当,使用生物乙醇不引起温室效应,这是与化石燃料相比的突出优势。

第三,取代水质严重污染的 MTBE。在美国,第二阶段发展生物乙醇的目的是降低汽车尾气有毒物质的排放,用来取代有毒的添加剂 MTBE。生物乙醇是汽油增氧剂,汽油中氧比例少,导致不完全燃烧产生有毒物质,在汽油中添加10%的乙醇,可使尾气中有毒物质排放降低 30% 以上。

第四,原料可再生,符合循环经济的要求。生物乙醇可以可再生的淀粉、糖汁和木质纤维素为原料生产,符合循环经济和可持续发展的要求。

第五,作为未来石油化工产品的替代品。用生物质来做乙醇,实际上一个最重要、最关键的技术突破就是获得葡萄糖,后面戊糖发酵有些困难,己糖发酵应该说不是问题,所以发展生物乙醇的过程就带动了生物质化学品的发展。今天我们谈能源的安全性,可能 5~10 年以后又要坐在一起谈资源的安全性,这实际上带动了生物基化学品的发展。一方面乙醇可作为石油替代品的原料;另一方面,生物质在转化为糖后,可通过工业发酵的方法生产各种化工平台化合物。

下面我谈谈我国燃料乙醇的现状、问题和出路。有些问题大家也知道,我国燃料乙醇产能 160 万吨,主要用粮食原料生产,2006 年国家叫停了粮食乙醇项目。根据全国交通运输协会预测,2020 年我国交通运输消耗燃料将是现在的 2 倍,如果机动车燃料结构不变,每年需汽油 1.2 亿吨。再看国家“十一五”的规划,2010 年我国燃料乙醇是 500 万吨,中长期规划 2020 年是 1000 万吨,如何来实现？在没有粮食作为原料的情况下，第一要发展木薯乙醇，这是目前最容易的，中粮集团已经在广西做了，海南马上又要上马了。甜高粱、菊芋受到原料的来源、技术的限制。另外还有一个技术的限制，比如说甜高粱，昨天宋老师说甜高粱储存的问题，甜高粱还有一个很大的问题是发酵的问题，据说现在是固体发酵，固体发酵将来如何做成大规模产业化？还有一个重要的问题，这些资源要大规模发展，仅利用丘陵山区和边际性的土地很难满足需要，要大规模发展就存在与粮争地的问题。因此，木薯、菊芋和甜高粱很难解决中国燃料乙醇的问题。我个人认为，利用木质纤维资源生产燃料乙醇是发展我国燃料乙醇的必由之路。

我简单讲一下纤维素燃料乙醇的优势。第一，不与民争粮，不与粮争地。第二，资源丰富，但目前利用率低。当然这里的“资源丰富”只能打个引号，实际资源并不丰富。第三，有利于改变我国秸秆焚烧带来的环境污染，秸秆焚烧问题一直困扰着我国各级政府。第四，便于收集，适合大规模工业生产。这里也是要打个引号的。第五，调整农业产业结构，促进小城镇建设，实现农业增效，农民增收。这是我的个人看法，我非常赞同昨天汪院士的观点，做燃料乙醇有一个收集半径的问题，不能像炼厂那样做千万吨级的。做纤维素燃料乙醇，规模不可能太大，只能以县市为单位，这样可以发展区域经济，调整区域产业结构。

最后，我谈谈对我国纤维素燃料乙醇的几点建议：第一，纤维素乙醇是一个多行业、多领域、高度技术集成的新兴产业，技术没有成熟，需要官产学研紧密合作，作为一个系统工程来协同攻关。今后应重点开展原料保障和收集储、预处理等三个核心技术和综合利用技术，废水处理和水循环的研究，突破技术瓶颈，加快产业化的步伐。现在我国主要是对关键技术的研究，对环保做得不够。在做好关键技术与装备研究的同时，要启动原料保障体系、生态、固体废弃物处理、环保和水循环的工作。

第一，原料保障体系的建设。我国有6~7亿吨的农作物秸秆，上千万吨的森林加工剩余物，每年焚烧的秸秆也不少，表面看起来我国秸秆资源非常丰富，但是如果这个技术真正成熟了,原料绝对是个大问题。秸秆需要还田,还需要做其他的一些产品。第二,只有相对集中的区域秸秆可作为燃料乙醇生产原料。因此如果技术取得突破,大规模产业化,要做到千万吨级,就存在一个原料保障的问题。所以说,目前我们应该启动原料的保障体系建设,比如能源植物等研究工作。

第二,木质素综合深度加工利用。纤维素燃料乙醇生产固体废弃物是木质素,木质素最简单的或者现在最成熟的技术就把它烧掉作为燃料,但是也不这么简单,木质素能不能进一步加工作为高附加值的产品,来降低纤维素燃料乙醇的成本。

第三,废水处理和水循环利用。纤维素燃料乙醇是高耗水,废水排放量大的工业。所以,将来工业化,水是必须循环的,循环量是多少,要进行计算,在工业上高耗水的行业要做水循环。水循环过程中有一个很大的问题,在预处理过程中产生的发酵抑制物,水的循环过程中发酵抑制物累积的问题,这个问题恰恰对后面的发酵影响很大,我们要好好研究。

庄国强:

我问一个负能量效应的问题。目前看不到纤维素乙醇的经济利益,政府和企业是否有这样的远见来长期支持这个项目?再一个,纤维素的研究现在是几起几落,我非常担心的一个问题,如果在我国纤维素乙醇的整个过程是一个负能量效应,现在大家把纤维素能源炒得很热,如果过几年没有效益,你能谈谈这个问题吗?再一个是团队的问题,实际上大家现在做几年,培养了很多人才,若国家和企业最后停止资金支持,又改行做别的了,该怎么办?

勇　强:

关于负能量效应,发展燃料乙醇,首先要从战略的角度来替代汽车燃料考虑。负能量的问题,从能量的角度是负的,但是如果技术成熟了,虽然是负能量,但是经济效应不可能是负的,如果将来经济效益是负的肯定是不行的,没有一个企业来做，像中石化集团这种大的企业也不能干，纤维素乙醇目前应该来说成本还是偏高的，或者效益是不经济的。但随着油价的上升，技术的进步，我们会找到一个平衡点。昨天吴老师说的油价上升的事情，不是没有道理的。

庄国强：

实际上大家在算负能量效应时，不能光看到油价的上升，其他的对应也是上升的，并不是说最后油价上升，乙醇最后价格提高，就有效益了。

勇　强：

我非常同意您的观点，大家都提到了油价上升会产生化肥、农药等一系列价格上升的问题，从现在油价的上升看，油价的上升与此是不成比的。我们现在的油价不仅仅是由供需矛盾这些因素决定，还有很多因素决定油价。实际上根据能源的消耗，不应该在短短的十年里，油价从每桶20美元一下到130美元。当然油价上升，各方面的成本也上来了，也确实是个问题。我补充一点，这也是现在纤维素乙醇的一个关键问题，降低成本最关键的需要依靠技术进步。

陈树林：

刚才说净能量，现在净能量负值，是谁的结论？

勇　强：

说实话，我没做过这个研究，我也是从资料上看到的。

陈树林：

Net Energy Ratio 产出的能量除以投入的能量是1.4，所以有40%的净能增加，康奈尔大学一名教授计算的结果正好相反，投入1.4出来是1，这是负值。在计算当中，净能量实际上是产出的能量除以投入的能量是8以上，所以这个净能量不能简单地说它是一个负值。

勇　强:

我也没有算过。

庄国强:

我看了几个报告,包括美国能源部最新的报告,它认为是稍微有正的净能量,但是纤维素包括秸秆,现在大家无法评估,这取决于一个技术的进步。

陈树林:

目前没有一个非常准确的评价体系,但是有一个大致的评价体系。如果说要生产能源作物,这种评价体系,可能稍微差一点。但是作为秸秆来讲,主要的目的是生产粮食,粮食生产中已经把能量消耗算进去了,现在从秸秆开始算也合理的。这样算起来,净能量肯定是有剩余,而不是说有的是亏的或是负值。

生物质能源的方方面面

◎马延和

非常高兴有机会来参加这个沙龙，昨天大家都已经有很好的讨论，今天和昨天的学术沙龙针对生物能源的问题，进行了不同观点、不同意见的讨论。

目前对生物能源的发展存在有不同的认识，一方面的观点，随着石油短缺形势不断的明显，石油价格不断飙升，对于可再生能源和生物的能源需求呼声不断地增加。从国际上来讲，以美国为代表的对生物能源的规划政策也是非常的突出，由此带来整个企业、产业界包括我们科研部门、科技部门，都在进行生物能源的研究、开发和市场应用。

生物能源的发展同时也带来了一些问题，批评家是另外一方的观点，所指的主要问题可能是三个方面，一是刚才说的能量效应问题。我们生产生物能源，到底有没有净能量的获取，或者到底有多少净能量的获取；另外一个批评家的观点，是关于生态环境的问题。随着生物能源的发展，对资源的需求会不断增加，可能会影响到传统的种植、传统的森林，或者传统的一些生态方面的格局，担心对生物能源过度地追求会影响我们地球的一些自然的生态布局。在这方面其实还是一个理性统筹安排的问题，还是涉及一些政策，这和技术本身关系还不大，主要是政策调控问题。批评家还有一个观点，就是对粮食安全的考虑，认为随着对生物能源的追求，导致对粮食的短缺，带来价格的上涨，带来对贫困国家或者贫困地区的一些影响，当然还有其他方面的一些问题。最后，批评家给出的观点认为生物能源是不可持续的，不追求生物能源的发展。在这种形势下，一方面是呼吁生物能源的大力发展，另一方面又有一种呼声是不建议发展生物能源。因此利用非粮作物，利用一些废弃物来生产发展生物能源目前是主流的呼声，所以包括我们国家出台的政策，是“三不政策”，即不占耕地，不争粮食,不影响生态环境;"三不政策"的出台,给我们的指导思想是发展生物能源,但是要理性的发展生物能源,我觉得从这个角度来讲应该是政府把非粮的问题提到大家认同的角度。刚才勇强教授提了很细的纤维素乙醇的事情,大家对此比较关注。当然非粮能源也面临非常多的问题,不仅仅是技术的问题,而技术问题也不仅仅是一个纤维素乙醇转化或者说纤维素降解的问题,可能涉及种植的问题,包括品种改良、基因改造,以及病虫害的评估、生态研究方面的一些问题,还涉及非常复杂或者系统的问题,在技术上我们现在还没有实质性的突破。

非粮能源的另外一个问题,实际上大家也谈得比较多的就是原料问题。对于原料问题,现在的原料丰富,或者废弃物也比较充分,但是实际上还是存在相当多的问题。一是作为能源来讲,现在生物量远远不够我们能量或者燃料的消耗,绝对数量上来讲可能不够,更重要的是品种或者种类原料可能涉及,比如像麻风树,或者是非木本类的柳枝稷、莽草、菊芋等,我们在不同的方面都在做探讨。这方面的问题可能又涉及一些理性的或者说一些宏观问题的讨论,选择哪种植物作为能源植物,可能不仅仅是涉及生物量的问题,当然生物量是一个重要的因素,还应该涉及这种植物对水的需求、氮源、营养的需求,包括病虫害发生的这种潜在的风险和对整个生态影响的分析,以及它是否容易被加工的一些问题,可能还是非常复杂、非常系统的一些问题。

另外一个问题,可能涉及市场的问题,市场的问题可能不仅仅是一个价格或者是经济性的问题,从收集、运输甚至到交易,一些商业化的模式现在还没有形成,所以我们要考虑它的这种所谓的收集半径,考虑到它的工厂的规模。实际上我们现在原料的交易模式还没有形成,当然对最终产品的这种应用体系也没有完全形成,现在只是把乙醇加到汽油里边比例为15%或10%,真正的商业模式还没有完全形成。

还有一个是政策方面的问题,特别是在国内,针对生物能源的政策还不是非常稳定,受非常多因素的影响。政策方面的稳定,对非粮生物能源是一个非常重要的问题。

所以,我建议一方面要加强技术的研究,加强技术体系的研究,不是单一技术,特别在发展生物能源这种产品的同时,或者是这种战略产品的同时,要加强生物炼制技术体系的研究,加强原料的充分利用与一些副产物或者多样性产品的研究。另外,建议加强宏观环境问题的研究,把政府关心的,企业关心的,产业关心的和技术部门关心的问题统筹来考虑,形成一些完整的、理性的认识和观点。最后我还是认为,生物能源应该坚定不移地发展,但是应该要理性、统筹的发展。

曹竹安:

马教授提了一个至少是和现在主流有点不大一样的观点,粮食还留个口作为生物能源,其实有道理,为什么？昨天我听了个数据,美国的玉米产量每公顷是9~10吨,咱们是5~6吨,假如说我国能够提高一半的话,现在1.2亿吨的玉米产量起码就能够增产3000万吨,应该没有问题。因此,必须在建立自己的技术储备,我非常同意。我们都是搞生物能源、生物产业技术、生物炼制技术等方面研究的,我觉得本次沙龙,对于今后的发展思路,可能能够讨论得更清楚一些。

我国能源植物的发展现状、发展瓶颈分析

◎匡廷云

世界各国在调整本国能源发展战略中，已把高效利用生物质能列为能源利用中的重要课题，对于我国来说，发展生物质能源更为重要和迫切。首先，我国面临能源短缺的严峻形势，能源可持续发展是我国能源战略安全的重要组成部分，必须及早改善能源消费结构，提高可再生能源的比例并大力节约能源。其次，随着我国经济的发展和人口增加，我国将面临温室气体减排的巨大压力与生态安全危机，因此，清洁燃料的供给能力密切关系着国民经济的可持续发展。第三，生物质能源的开发将成为解决“三农”问题的有效途径之一。生物质能源资源的高效利用，可以促进农业增收，减少资源浪费，提高农村就业率。在非农田发展生物质能源资源，也利于形成稳定的能源植物资源基地。因此，生物质能源的开发利用在我国不仅具有重要的战略意义，而且有非常广阔的前景。

我国生物质能源发展主要有两个瓶颈，一个是增加生物质能源资源量，这是发展生物质能源的基础，根据我国能源科技发展路线图，可再生能源在能源结构中的份额需要逐步增加，而目前我国的资源亏缺量是很大的；另一个瓶颈则是提升技术水平，这是将生物资源转化成高品位的能源产品的关键。我国耕地有限，发展生物质能源首先要保证粮食安全，要立足于“不与粮争地、不与人争粮”，必须选择边际土地上发展能源植物资源产业。而在多为干旱、盐碱、瘠薄的边际土地上发展生物质能源，更需要选择高光效、高生物量的能源植物，通过提高单位土地面积上生物质的积累来实现。因此，能源植物资源的筛选和广泛调查研究将成为我国发展生物质能源的首要问题。开展针对在我国不同地

域的优质高效能源植物资源的筛选工作，建立能源植物繁育和生产基地、规模种植及加工生产体系，是解决制约生物质能源发展的第一个瓶颈的基础，也是目前重要的任务。

建议扩大生物质能源量应该通过突破生物质能源研发理论和技术瓶颈来实现，通过发掘速生、抗极端逆境的新物种、新种质、新基因资源，在分子水平上筛选培育高光效、能量密度高、抗逆性强、不危及生态的高产优质能源植物新品种，并通过基因转导创造新物种，建立能源植物生物资源产业基地，创造规模化的新兴产业。

我国能源植物资源丰富，共约有 4.3 万种植物，约 4000 种具有能源开发价值，包括糖类能源植物（甜高粱、菊芋等）、淀粉能源植物（木薯、甘薯等）、纤维能源植物（芒草、秸秆等）、油脂能源植物（麻风树等）、烃类能源植物以及薪柴类能源植物和能源藻类。目前，国内有部分研究机构已经重视并开展了针对能源植物资源的相关研发工作，指出针对解决生物质能源研发理论和技术瓶颈的几个主要研究方向：

第一，针对我国不同地域的优质高光效能源植物资源的筛选工作。

第二，能源植物光合作用光能利用效率的机理及高光效、高生物量资源的发掘和利用研究，揭示生物光合作用机理，解决生物光合原理应用技术的瓶颈以及仿生模拟，研制高效的太阳能电池。例如中科院植物研究所开展了针对能源植物的抗逆适应性和高光效的分子生物学和蛋白质组学的研究，为能源植物分子改良奠定了基础。例如：麻风树低温，干旱胁迫响应转录因子基因 JcERF，DREB 克隆及其功能研究，麻风树幼苗对低温胁迫蛋白质组学分析；等等。

第三，发掘利用微生物资源包括藻类产氢产油的资源。

第四，努力提高生物质能转化的效率和科技水平，为大规模发展制造条件，其中研发以纤维素为原料的新技术具有特殊的战略意义。

第五，战略生物质能源资源的发掘和可持续利用创新体系的建立，发掘速生、抗极端逆境（如抗寒、抗旱、抗盐碱）新物种、新种质、新基因资源；创造规模产业化的新兴产业。

第六，从能源植物（包括藻类等）基因组及基因资源角度，揭示生命系统的分子机器，认识分子机器在生命体中调控机制，建立能源植物（包括藻类等）的基因组数据库，基因组表达数据库，蛋白质表达和组装数据库基础上的系统生物学理论和应用技术体系，从微观分子生物水平开发新型生物质能源资源的利用和发掘途径。

从我国国情出发，制定我国生物质能源未来发展的科技路线图是非常必要的，要做到上下结合、顶层设计、远近结合，综合考虑需求、资源、环境、技术和经济等多方面因素。通过了解世界各国生物质能源领域发展战略计划，调研我国生物质能源资源现状，既扩大生物质能源量又保证粮食安全，突破生物质能源研发的理论和技术瓶颈，最终解决我国经济持续发展对生物质能源的经济社会需求。通过资源量的扩大，通过高新技术改造，以及进一步通过产、学、研相结合的途径，使我们的生物质能从源头、到过程、到产业化，形成高品位的能源产品，逐步增加生物质能源在我国能源结构中生物质能源的份额。

我国的生物质能源发展前景是非常好的，但是道路也是曲折的，在开始时由于成本及规模问题，会面临发展的瓶颈，因此更需要正确的引导，需要政策的倾斜，但是随着技术的进步，生物质能源附加值的提高，生物质能源必将逐步提高竞争力。

生物能源的讨论重点应放在如何发展上

◎陈树林

首先,感谢主持人邀请我参加本次学术沙龙的交流,也非常高兴有机会和人家自由的交流,从我的发言当中可以看见,与刚才几位专家的很多想法都是一致的,下面谈几点看法。

我觉得生物能源关系社会稳定和国家安危,必须要发展。因此,有关生物能源的讨论重点应放在如何发展而不是该不该发展。因为我们没有其他替代的选择,勇教授和其他诸位提到很多,关键是合理的定位。我们不能对它求全责备,它只能提供一定的替代,不可能全部替代,但是就这一点替代,对将来经济的发展和气候其他环境的效益也是非常重要的。同时,生物能源的发展和利用必须因地制宜。

生物能源的发展重点是运输燃料,其次是发电,而从石油替代的角度考虑,生物质最佳利用是生产生物基化学品。现在的化学品是石油来生产的,如果应用生物质直接生产化学品,这对石油的取代量及替代量可能比用生物质来生产油料更好一些。但是,目前我国运输燃料的压力很大,生产乙醇不光在中国的呼声很大,也是美国现在发展的主要方向。

生物能源的开发和产业化是系统工程,应充分采用系统工程的概念和方法,我觉得系统工程这个词在昨天已经讨论提出多次,曹老师一开始就提到这个问题,我们只看到一部分,是比较片面的。生物炼制是复杂系统,我们已经讨论非常清楚了,涉及经济、政治、政策、环境,所以我们一定从新的角度去考虑,不仅是一个新的概念,从一个新的学科方面也可以考虑。今天刘斌老师提出能源生物学的提法,当然现在还没有能源生物学,但是这些新的提法使我们对目前的学科要进行一个重新的考虑、重新的定位,怎样对将来的生物经济服务最好。

生物能源发展需要解决几个优先关键问题，对有代表性的生物质原料要进行详细的能量产出和能量投入分析，包括原料的种植收运加工和转化，以确定其净能得率。这主要是一个参考目标，如果我们需要的是运输燃料，有可能或有必要牺牲其他的能量，尽管我们能量净得率不像理想那么高，但是我可以用比较丰富的电力来换取比较缺少的运输燃料，能量并不是平等的，但是有能量的计算也是我们将来的科学基础。

对有代表性的生物质原料和产品围绕碳的转化进行详细的生命周期分析，以确定其环境效益。对这些有代表性生物质原料资源需要量，尤其是水和土地的利用率进行全面评估。刚才马老师提到水的问题，在北方要发展能源作物，必须考虑水的问题，这两天大家提到玉米产量提高潜力的问题，我们同时也要考虑到玉米产量提高需要化肥，美国的玉米化肥需要量相当高，这些东西必须要计算进去。我们要确定生产这些生物质原料主要限制因素是什么，就是地和水。

针对生物质原料的地方性，我们可以在全国和省区不同范围内，对这些有代表性生物质原料和产品优先进行排队，各省及各地有不同的特色，在当地可以有一个顺序排出来，比如按以下的条件：净能比、资源需要量、对生态环境的影响、二氧化碳的减排量、经济性，在一定条件下，有一定的技术和资料及参数，可以对这些生物燃料进行初步的评价，不是说没有。尽管说评价不是很准确，但是比没有要好得多。

国家和地方要制定优惠政策，按生物质原料和产品的排队顺序，给予不同的经济补贴和支持，引导和鼓励生物能源的发展。最后，我非常同意刚才马老师提到的多学科联合合作来解决这些问题，研究这些问题。我觉得最主要的是实质性的问题，大家一起申请项目是非常好的，要在研究过程当中，能够充分做到相互取长补短。

曹竹安：

刚才陈教授讲的有点总结的水平，我想至少旁观者清，而且是兼听则明。

看了国外和国内的情况，对我们有很好的参考价值。大家通过讨论，一是交流了信息，二是初步形成了一个讨论的氛围。中国科协组织学术沙龙，结合生物能源的领域来讨论。实际上在讨论中，我们又把它给拓宽到整个工业生物技术，甚至到农业种植，整个社会的安定、国家安全各方面。通过讨论，我自己感觉收获是挺大的。

宋松泉：

我建议能否成立一个"生物质能源研发"分会，挂靠在某一个学会下面，把生物质原料的生产、加工以及相关的基础研究和产业化政策联系起来。

高　福：

这个建议非常好，我建议由中国生物工程学会抓这个事情。

江　宁：

搞生物能源专业委员会。

宋松泉：

生物质能源一部分是做原料的，一部分是做加工的，还需要相应的政策，一定要把这三部分有机地结合起来。

高　福：

宋老师这个建议太好了，这是很好的结论。下面，我代表曹老师和李老师稍微做一下总结。

首先感谢各位专家，也谢谢参加沙龙的记者和编辑，最后还需要他们通过媒体帮我们呼吁。大家联合攻关，实实在在做点事情。

总的来讲，从学术沙龙开始，大家就在可行性、可能性这样的宏观问题上展开大讨论，包括国内外发展，国家战略需求，国际的发展趋势、前沿等问题。这次来的专家，不仅是从正面的角度，从国际形势、国内压力，还从负面的角度，也就是从可能遇到的一些困难，或者可能造成对生态、对环境、对健康的影响来讨论。所以，通过正反两方面讨论，在可能性、可行性分析的基础上，又分析了到底应该发展什么样的生物能源。生物质是很广的，大家也分析了这个可能，尤其是清华大学的老师的发言算是一个专题，他把藻类尤其是所做的小球藻拿出来让大家一起讨论了一下，谈了自己的观点，就像刚才陈教授总结的。当然好多同志把问题抛出来，我们发现问题，最后可能需要大家共同来做。解剖一下吴教授讲的这个例子，我认为基础研究先做到这儿，下一步做发酵，可能需要像许正宏教授、李寅教授一直在做发酵为代表的专家一起和吴教授合作，也可能需要像陈教授为代表的专家来建立数学模型。这说明，我们需要联合攻关，需要大家加强交流，如刚才建议的，应该在中国生物工程学会成立专门委员会。

建议形成一个特别宏观的支撑计划，围绕生物能源这个角度，建立国家的支撑计划，作为国家未来十年或二十年，更长远可持续发展的一个支撑——这是一个典型的支撑计划，从软的调研到具体的实施方案。

李　寅：

特别感谢各位专家学者在百忙之中参加这次会议，希望这只是开始，在各位老师建议下，在中国科协、各部委和中国科学院支持下，不仅是生物能源，也包括广义的工业生物技术领域，以后能够经常组织这样的学术沙龙，使大家经常理性地思考，在这个领域怎么去发展，怎么做得更好，怎么样聚焦大家的力量。

高　福：

这定是个战略高地，欧洲一些国家和美国都在研究，大家联合起来，合作共赢，从软课题研究和时代科技的布局，占领未来的科技高地、战略高地。

专家简介

（以姓氏拼音为序）

曹竹安

教授。国家重点科研项目“生物催化和生物转化”（973 项目）生物氧化还原过程研究课题组长，*Biotechnology Journal* 高级编委，《化工学报》执行主编，《生物技术产业》杂志主编。从2005 年起担任中国生物工程学会副理事长兼秘书长，并兼任工业生物技术和环境生物技术专业委员会主任职务。

负责和参加多项国家重点攻关项目，在生物化工和食品化工方面的主要工作有：固定化酶催化进行氨基酸的拆分；氨基酸的发酵过程研究；活性干酵母生产新工艺和新技术；食品保鲜剂（异维 C 钠发酵生产的全过程研究）其他食品添加剂的研究工作等，其他的工作领域主要有：抗生素的发酵过程优化研究，长链有机酸发酵研究，固定化细胞生产药物的研究，动物细胞大规模培养生产单克隆抗体，生物可降解塑料聚羟基烷酸酯的发酵动力学和中试研究，生物发酵法生产 1,3-丙二醇的发酵研究等。

获得教育部科技进步二等奖一次，国家科技进步三等奖一次，北京市科技进步二等奖一次，国家发明二等奖一次。从 1993 年开始享受政府特殊津贴。共发表论文 120 余篇。

陈树林

教授。美国华盛顿州立大学生物系统工程系教授、华盛顿州立大学生物产品和生物能源中心代理主任。在国际期刊上发表了 70 余篇研究论文，参与撰写了 10 余本书籍的章节。2007 年 4 月起，被聘为中科院微生物所特聘研究员。

目前主要从事工业生物技术在生物质为基础的液体和气体燃料，大宗和精细化学品方面的应用的研究工作。

高 福

研究员。中国科学院微生物研究所研究员、博士生导师。现任中国科学院北京生命科学研究院(筹)副院长。

主要研究方向为蛋白质相互作用和病毒跨种间传播的分子机制，尤其是有关T细胞分子识别、艾滋病病毒等囊膜病毒侵入的分子机制，禽流感等动物源性病毒跨种间传播的机制等。近年来开展有关生物酶的结构与功能研究。是中国科学技术协会首届“青年科技奖”、大北农“科技成果奖”等获得者，中国生物工程学会常务副理事长，中国科协第七届全国委员会委员，中国科学院“百人计划”入选者，国家“973”基础研究项目首席科学家，国家杰出青年获得者、国家自然科学基金委员会重大项目主持人。在*Nature*，*Science*等高水平刊物上发表论文一百多篇。任*Journal of General Virology*，*Zoonoses and Public Health*等国际期刊编委、《生物工程学报》副主编。

郝小明

教授级高级工程师，工学博士。现任中粮科学研究院副院长，生化研发中心总经理，兼任中粮集团生化能源事业部副总经理，主管技术研发和项目管理。曾在国内学术刊物发表论文20余篇，获中国石化科技进步一等奖2项，国家科技进步二等奖1项。

江 宁

研究员。中国科学院微生物研究所研究员、博士生导师。中国微生物学会副秘书长、中国化工学会生物化工专业委员会委员、微生物学报编委、生物工程

学报编委。主要从事微生物代谢工程的研究。目前主要研究工作围绕生燃料乙醇展开，包括构建五、六碳糖共发酵的重组酿酒酵母；研究乙醇发酵的关键酶及有关的辅因子平衡；研究酵母菌戊糖代谢及耐受性等。这些工作分别得到“973”项目、“863”重点项目、中国科学院知识创新工程重大项目和重要方向项目的支持。

匡廷云

中国科学院院士。植物生理学家，中国科学院植物研究所研究员。四川资中县人。长期从事光合作用光合膜的研究，与国内外学者合作取得如下成果：揭示捕光叶绿素蛋白在膜上横向迁移调节激发能分配的规律；首次证明21kD膜蛋白是光系统I长波荧光发射的最初来源；提出光系统II反应中心可能的动力学模型；首次发现光系统II反应中心叶绿素蛋白的组氨酸残基及原初电子受体去镁叶绿素受到光照破坏，提出了反应中心第二条电子传递链具有光保护功能的假设。

李 春

教授。北京理工大学生物工程系主任，博士生导师。主要研究方向：特殊环境微生物催化与酶工程；空间微生物应用技术；生物制品与生化工程。

2004年教育部“新世纪优秀人才”、生物工程与技术类专业教学指导分委员会专家。在国内外学术刊物和会议发表论文100余篇，其中SCI、EI收录收录40余篇。获国家发明专利4项，省部级科技成果奖3项。主持和参与完成国家自然科学基金3项，主持完成2项兵团博士资金。作为研究骨干参与完成了国家“十五”重点攻关项目2项和国家“973”1项。目前，主持各级各类项目6项，其中包括国家自然科学基金、“863”重大专项、教育部“霍英东青年科学基金”和北京市自然基金的资助。培养研究生40余名，其中博士生8名。

李 寅

研究员。中国科学院微生物研究所研究员、博士生导师，2006年中国科学院“百人计划”入选人。现任中国科学院天津工业生物技术研究所(筹)筹建工作组副组长，《生物工程学报》副主编，中国科学院青岛生物能源与过程研究所(筹)学术委员会副主任。已经在*PNAS*等国际期刊上发表研究论文50余篇，申请15项中国专利，出版专著2部，获得国家科技进步二等奖等4项国家级、部省级科技奖励。主要从事与生物能源相关的微生物生理学和代谢工程研究。目前是中国科学院知识创新工程重大项目课题负责人、中国科学院知识创新工程重要方向项目首席科学家、“863”计划目标导向课题负责人、“973”计划“生物炼制细胞工厂的科学基金”项目专家组成员。与壳牌石油公司、DSM公司等国内外企业开展合作研究。

林章凛

教授。清华大学“百人计划”教授。曾在*Nature*, *PNAS*, *JBC*, *Protein Science*, *Biotechniques*等发表学术论文。2001年入选清华大学“百人计划”。目前承担数项国家“973”、“863”重点自然科学基金等项目，以及国际与国内企业合作项目。主要研究方向为酶分子进化及其应用，包括：基因和酶分子改造的基本方法如高通量筛选方法、蛋白质杂交方法以及衍生的病毒表面蛋白分解；若干重要酶和途径的分子改造，尤其是与精细化学品生物催化、生物炼制相关基因与菌种；菌种调控机制若干节点如五碳糖代谢调控的定向进化。

刘公社

研究员。中国科学院植物研究所研究员，博士生导师，能源中心主任助理。开展了向日葵“向阳运动”机理的系统研究，对向日葵的花色和育性亦有深入的研究。在生态环境建设领域，主攻牧草之王——羊草，主持国家基础重大项目“973”课题，在羊草基因资源方面有系统的研究积累。近年关注生物质能源发展，提出能源植物的研发路图是从种质资源发展到基因资源，采用新一代生物技术——在分子层面设计和组装超能植物新品种。在国内外学术刊物发表学术论文112篇，出版专著3部，发明专利8项。1999年获北京市科技进步一等奖，2002年荣获法华文化交流促进会支持留法学者参加祖国西部建设奖。

柳永茂

高级工程师。诺维信（中国）投资有限公司副总裁。曾任东北制药总厂副厂长、沈阳医药管理局副局长、东北制药集团公司副总经理、中日合资沈阳卫材制药有限公司董事长、诺和诺德（中国）投资有限公司副总裁，参与许多地区医药发展规划、重大项目及重要合资合作项目、中外合资企业、外商独资企业的领导、组织与创建工作。

马延和

研究员。中国科学院微生物研究所研究员、博士生导师。现任中国科学院天津工业生物技术研究所（筹）筹建工作组组长、工业酶国家工程实验室主任、微生物资源前期开发国家重点实验室副主任。“863”计划生物医药领域专家，“973”计划项目“生物炼制细胞工厂的科学基础”首席科学家，中国科学院知识创新工程重大项目“纤维素乙醇的高温发酵和生物炼制”项目主管。曾获得2000年度国家科学技术发明二等奖及中国科学院发明二等奖，获得政府特殊津贴，先后被评为“九五”国家重点攻关计划全国先进个人、中国科学院第六届十大杰出青年。

邱宏伟

研究员，生物化学工程专业硕士。主要从事生物、医药和农业领域的科技管理工作，曾任科技部中国农村技术开发中心技术开发处、生物处处长；中国驻纽约总领事馆科技领事。先后在科技部生物技术发展中心生物资源与安全处、工业生物技术处、政策与协调处任处长，负责国家“863”计划生物和医药领域的计划管理，负责和参加各类科技政策调研和规划、计划制定工作多项，撰写研究报告和发表学术论文30多篇。

石贵阳

教授。江南大学生物工程学院副院长，博士生导师。江苏省生物技术协会常务理事、工业专业委员会副主任。主要科研成果有：燃料酒精低耗、经济及清洁生产工艺技术，耐热级高品质L－乳酸生产技术，生物法生产生物活性手性化合物，发酵过程优化及智能控制。

宋松泉

研究员。中国科学院植物研究所研究员，博士生导师。能源植物研发中心主任助理，种子生理与生物技术课题组组长、国际种子科学学会东亚地区代表。负责“863”计划课题“降解纤维素的生物技术在燃料乙醇制备中的应用”，国家科技基础条件平台建设资项目“重要野生植物种质资源采集、保存技术规范和标准研制及整合共享”，中国科学院知识创新工程重要方向项目“种子顽拗性的机理及其长期保存技术”。

谭天伟

教授。北京化工大学副校长，教育部长江学者特聘教授，博士生导师。“973”项目首席科学家，国家杰出青年基金获得者，中国青年科技奖、BASF－化学会青年创新奖、何梁何利创新奖获得者。

中国化工学会理事、中国化工学会生物化工专业委员会副主任委员、中国酶工程学会理事，生物化工国家重点实验室和生物反应器国家重点实验室学术委员会委员。作为项目负责人先后承担了国家“九五”“十五”攻关项目及子项目5项，国家计委高技术示范工程项目2项，“863”项目2项，国家自然科学基金重点和面上项目6项，部委级项目10项。横向课题14项。以第一获奖人先后获得国家发明二等奖2项，省部级一等奖3项，二等奖4项。累计在核心刊物发表论文230篇，其中SCI 100余篇，EI收录100余篇。

万印华

研究员。中国科学院过程工程研究所研究员、博士生导师，2004年中国科学院“百人计划”入选人。国家生化工程技术研究中心（北京）副主任、生物质工程中心副主任。

一直从事膜技术（超滤，微滤及液膜）的基础和应用研究。研究方向为高效膜过程及其在生化工程中的应用；高效膜生物反应器（MBR）的设计、优化及其在细胞、组织培养与废水处理中的应用。重点探索膜过程的关键技术（强化传质、膜表面改性、膜污染控制、高效液膜用表面活性剂等）及其在清洁生产、生物能源、生物分离与废水处理中的应用。承担或作为骨干人员参加并完成了省部级科研项目十余项，欧盟合作项目二项。目前，承担科技部“863”、“973”子课题、国家自然科学基金、中国科学院重大装备研制、中国科学院重大项目等多项。

汪燮卿

中国工程院院士。中国石化总公司石油化工科学研究院高级工程师，有机化工专家，长期主持催化裂解(DDC)、催化裂化多产液化气和汽油(MGG)等方面的研究。研制成功具有独创性的用重质原料生产轻质烯烃和高质量汽油的新技术，并得到广泛应用；研究成功DCC－Ⅱ和以常压渣油为原料的MGG工业成套技术ARGG新工艺；研究成功符合DCC和MGG工艺要求的CRP、CIP、RMG和RAG等催化剂并实现了工业化；指导研制成功钛硅分子筛作氧化催化剂并实现工业化应用。多次获得国家及省部级奖励，“多产液化气和汽油催化裂化成套工业技术”获1993年国家科技进步奖二等奖。发表学术论文80余篇，获国内外授权专利100余件。

吴国江

研究员。中国科学院华南植物园研究员、博士生导师，中国科学院“百人计划”入选人。近期研究成果发表在*Nature*、*DNA Research*等学术刊物上。主持中国科学院、“973”项目子课题、广州市科技计划项目等多项。主要从事植物生理学和分子生物学等方面的研究工作。

吴庆余

教授。清华大学生物科学与技术系教授，博士生导师。主要从事生物地球化学、植物分子生物学等相关领域的研究工作。主要研究方向为藻类生物地球

化学、生物标志化合物、蓝细菌分子生物学等。先后主持国家自然科学基金项目7项、国家自然科学基金重点项目1项、国家杰出青年基金项目1项、国家“863”项目1项,参加国家“973”项目等。在国内外学术刊物累计发表研究论文90余篇,获教育部科技进步二等奖、全国霍英东优秀青年教师研究成果奖、全国首届高等学校名师奖等多项奖励。

咸 漠

研究员。中国科学院青岛生物能源与过程所研究员,博士生导师,酶工程团队负责人,中科院“百人计划”入选者。主要研究方向:以生物质为原料,生物催化转化和成燃料和化学品。近年来,主持及参加完成美国NIH、法国国家研究中心、国家计委、省部级、横向课题15项。在*JACS*、*PNAS*、*JOC*等国内外期刊上发表论文62篇,其中22篇被SCI收录。

邢雪荣

副研究员,植物生态学专业博士。主要从事工业生物技术领域的科技管理工作,现任中科院生物局工业生物技术处处长、中科院植物所副研究员,负责中科院工业生物技术领域的科技管理工作。

许正宏

教授。现任江南大学医药学院副院长,博士生导师。中国生物工程学会糖生物工程专业委员会委员。目前主要从事多菌种混合发酵工艺机理、微生物代谢工程等方面的研究。曾获江苏省人民政府“九五产学研先进个人”,“无锡市优秀青年教师”等荣誉称号,2007年获得教育部新世纪优秀人才支持计划

资助。

近年来,先后主持或主要参与包括国家"973"、"863"、国家自然科学基金等项目在内的科研项目10余项,在国内外科技期刊合作发表科研论文60余篇,申请国家发明专利3项。

杨胜利

中国工程院院士。分子生物学及基因工程学家。现任中国科学院上海生命科学院研究员,学术委员会副主任,国家"973"计划专家、顾问组成员,中国微生物学会名誉理事长,中国生物工程学会理事长。

主要研究领域:系统生物学和基因工程在医药和工业生物技术中的应用。

勇 强

教授。现任南京林业大学博士生导师,林木遗传与生物技术省部共建教育部重点实验室副主任、南京林业大学生物化工研究所所长、江苏省生物技术协会工业加工专业委员会副主任。主要从事木质纤维资源生物降解与转化的研究,研究方向包括纤维素燃料乙醇、功能糖研究开发和制浆造纸生物技术。先后主持"863"计划1项、国家自然科学基金5项、部省项目3项,作为副组长或主要参加者承担其他国家、部省项目10余项。发表学术论文80余篇,申请专利6项,其中2项已授权。新世纪百千万人才工程国家级人选,江苏省"333高层次人才工程"培养对象,中国青年科技奖、中国林业青年科技奖、全国林业突出贡献奖、南京市青年科技创新奖获得者,享受国务院特殊津贴。先后获得国家技术发明二等奖、梁希林业科学技术奖二等奖、江苏省科技进步三等奖、江苏省专利奖金奖和盐城市科技进步二等奖等科技奖励。

曾安平

教授。现任德国汉堡工业大学过程与化学工程学院院长，生物过程与生物系统工程研究所所长，博士生导师。2005年底作为德国生物技术领域第一位华人教授受聘于汉堡工业大学并担任研究所所长，兼GBF（即Helmholtz Center for Infection Research）系统生物学研究组负责人。

在*Nature Biotechnology*，*Genome Biology*等高水平刊物上发表论文120余篇。主要研究方向为工业生物技术、医学生物技术和系统生物学。德国研究协会（DFG）、德国联邦科研部（BMBF）及欧盟大型合作项目的首席科学家和领域专家组成员。获2001年中国国家自然科学基金海外杰出青年基金。

张卫红

博士。诺维信（中国）投资有限公司研发外联经理。在牛津大学与哈佛大学攻读博士与博士后期间主要研究艾滋病毒粒子形成的分子机制，之后被英国Oxagen公司聘为资深科学家，于2005年8月加入诺维信公司。主要研究方向为蛋白质工程、分子病毒学以及生物酶。

张晓昱

教授。华中科技大学生命科学与技术学院环境资源微生物技术研究所所长，微生物生物学与生物技术学科带头人、中国菌物学会工业微生物专业副主任，湖北省微生物学会常务理事。长期从事与生物质能源、生物活性物质、环境治理等领域相关的微生物生物学与生物技术研究。在华中科技大学创建与发展了环境资源微生物技术研究所、微生物发酵中试基地及多学科交叉的研究团队。以生物质及异生物质微生物降解与转化为研究方向，资源微生物为研究对象，从基因、蛋白质、物质代谢、分子生态等不同水平研究资源微生物在环境、能源、医药、食品等方面的理论与应用技术。在生物质木质纤维素白腐菌降解与转化、生物质能源获取、植物中草药微生物技术、农副产品微生物深加工、难降解污染物生物处理等方面，先后独立承担了国家"863"重点项目、国家科技攻关项目、省、市重点攻关及多项企业合作项目。正在主编《资源真菌学与生物技术》等专著、发表论文多篇，授权专利1项，每年指导博士、硕士研究生20余名。

赵宗保

研究员。中国科学院大连化学物理研究所研究员，博士生导师。"生物质高效转化"研究组组长、2004年中国科学院"百人计划"。目前从事能源生物技术、分子微生物学和生物有机化学研究。首次明确提出了生物质能源产品化的化学本质是深度脱氧，并分析了脱氧的途径，对生物质转化技术的发展方向具有指导意义；对利用产油微生物转化生物质资源获取油脂及其他高值化产品进行了探索性研究。现承担"863"项目、中科院知识创新工程领域前沿项目，参与"973"项目多项。先后在 *J. Am. Chem. Soc.*、*Angew. Chem. Int. Ed.*、*Biochemistry* 等国内外学术期刊上发表学术论文60余篇。

庄国强

研究员。中国科学院生态环境中心研究员，博士生导师。1994年在日本大阪大学生物技术系参加了 UNESCO Post - Graduate Course in Microbiology。2002年在山东大学微生物技术国家重点实验室从事纤维素酶的酶学研究。目前在中科院生态环境研究中心主要从事资源和环境微生物及其酶学的研究。

部分媒体报道

匡廷云院士:发展生物质能源要立足不与粮争地

潘 锋

以“生物能源与可持续发展”为主题的中国科协第十九期新观点新学说学术沙龙日前在北京举行,本期学术沙龙由中国科学院微生物研究所研究员高福主持。

生物质能源发展的两个瓶颈

中国科学院院士、植物研究所研究员匡廷云在向会议提交的书面报告中说,面临能源短缺的严峻形势,能源可持续发展是我国能源战略安全的重要组成部分;随着我国经济的发展和人口增加,我国将面临温室气体减排的巨大压力与生态安全危机;生物质能源的开发将成为解决“三农”问题的有效途径之一。因此,当前发展生物质能源在我国显得更为重要和迫切,生物质能源的开发利用在我国不仅具有重要的战略意义,而且有非常广阔的前景。

但匡廷云同时指出,我国生物质能源发展还存在两个瓶颈,一个是如何大幅度增加生物质能源资源量,这是发展生物质能源的基础,根据我国能源科技发展路线图,可再生能源在能源结构中的份额需要逐步增加,而目前我国的资源亏缺量是很大的。另一个瓶颈则是提升技术水平,即利用先进的科学技术将生物资源转化成高品位的能源产品的关键。

匡廷云说,我国耕地有限,发展生物质能源首先要保证粮食安全,要立足于